Eugênio Bastos Maciel

ESTRUTURA
DA MATÉRIA

intersaberes

Rua Clara Vendramin, 58 . Mossunguê . CEP 81200-170 . Curitiba . PR . Brasil
Fone: (41) 2106-4170
www.intersaberes.com
editora@intersaberes.com

Conselho editorial
Dr. Ivo Jose Both (presidente)
Dr. Alexandre Coutinho Pagliarini
Drª Elena Godoy
Dr. Neri dos Santos
Dr. Ulf Gregor Baranow

Editora-chefe
Lindsay Azambuja

Gerente editorial
Ariadne Nunes Wenger

Assistente editorial
Daniela Viroli Pereira Pinto

Edição de texto
Natasha Saboredo
Arte e Texto Edição e Revisão de Textos

Capa
Débora Gipiela (*design*)
white snow e Vandathai/Shutterstock
(imagens)

Projeto gráfico
Débora Gipiela (*design*)
Maxim Gaigul/Shutterstock (imagens)

Diagramação
Muse Design

Iconografia
Maria Elisa Sonda
Regina Claudia Cruz Prestes

Dados Internacionais de Catalogação na Publicação (CIP)
(Câmara Brasileira do Livro, SP, Brasil)

Maciel, Eugênio Bastos
  Estrutura da matéria/Eugênio Bastos Maciel. Curitiba: InterSaberes, 2021.
(Série Dinâmicas da Física)

  Bibliografia.
  ISBN 978-85-227-0356-2

  1. Física I. Título II. Série.

21-73481
CDD-530

Índices para catálogo sistemático:
1. Física   530

Cibele Maria Dias – Bibliotecária – CRB-8/9427

1ª edição, 2021.
Foi feito o depósito legal.
Informamos que é de inteira responsabilidade do autor a emissão de conceitos.

Nenhuma parte desta publicação poderá ser reproduzida por qualquer meio ou forma sem a prévia autorização da Editora InterSaberes.
A violação dos direitos autorais é crime estabelecido na Lei n. 9.610/1998 e punido pelo art. 184 do Código Penal.

Sumário

Apresentação 5
Como aproveitar ao máximo este livro 7

1 Radiação térmica e leis da termodinâmica 13

   1.1 Equilíbrio térmico 16
   1.2 Lei zero da termodinâmica 23
   1.3 Primeira lei da termodinâmica 25
   1.4 Segunda lei da termodinâmica 35
   1.5 Terceira lei da termodinâmica 63

2 Primórdios da teoria quântica da matéria 68

   2.1 A descoberta do elétron e a quantização da carga 70
   2.2 A radiação do corpo negro e a hipótese de Planck 82
   2.3 Efeito fotoelétrico 99
   2.4 Os raios X e o trabalho de Compton 107

3 Propriedades ondulatórias das partículas 120

   3.1 Experimento de Young 123
   3.2 As ondas de De Broglie 132
   3.3 Pacotes de onda 142
   3.4 Princípio da incerteza de Heisenberg 155

4 Modelos atômicos 166

4.1 Linhas espectrais 168
4.2 Modelo atômico de Thomson 176
4.3 Modelo atômico de Rutherford 178
4.4 Modelo atômico de Bohr 189

5 Teoria de Schrödinger 212

5.1 Vetores de estado 214
5.2 Medidas físicas: observáveis e observadores 219
5.3 Operadores 223
5.4 Equação de Schrödinger 228
5.5 Operadores na mecânica quântica 240
5.6 Aplicação simples: o problema da partícula em uma caixa 245

6 Aplicação da equação de Schrödinger 258

6.1 Problema de uma partícula em uma caixa 261
6.2 Potencial degrau 283
6.3 Oscilador harmônico simples 291
6.4 Barreira de potencial 301

Considerações finais 310
Estudo de caso 312
Referências 316
Bibliografia comentada 319
Sobre o autor 322

Apresentação

Para que se possa planejar e desenvolver um livro, é necessário um complexo processo de tomada de decisão, o qual representa um posicionamento ideológico e filosófico diante dos temas abordados. A escolha de determinada perspectiva implica a exclusão de outros assuntos igualmente importantes, em decorrência da impossibilidade de abordar todas as ramificações que um tópico pode apresentar.

Assim, nesta obra, trataremos da estrutura da matéria, expondo diversos conceitos, constructos e práxis que envolvem essa temática, tendo em vista novas perspectivas, associações e interações, bem como diferentes interpretações e algumas ramificações intra e interdisciplinares. Embora desafiadora, a natureza dialética da construção do conhecimento é o que sustenta o dinamismo do aprender, movendo-nos em direção à ampliação e à revisão dos saberes.

A primeira decisão tomada com relação à elaboração deste livro, dividido em 6 capítulos, foi a de apresentar uma introdução aos estudos de todos os elementos que compõem a matéria. Para isso, primeiramente, no Capítulo 1, exporemos o equilíbrio térmico e as leis da termodinâmica.

No Capítulo 2, os temas principais serão a descoberta do elétron e a quantização da carga. Nele, analisaremos os experimentos de J. J. Thomson e de Millikan, bem como a radiação do corpo negro, a gênese da mecânica quântica, o efeito fotoelétrico de Compton e o movimento browniano.

No Capítulo 3, abordaremos o estudo sobre o experimento de Young para fendas duplas, analisando diversos pontos, a exemplo da interferência e da difração para ondas e partículas, da hipótese de De Broglie e da dualidade onda-partícula. No Capítulo 4, trataremos das linhas espectrais, expondo os espectros atômicos e o modelo de Thomson, o espalhamento de Rutherford, os átomos de Rydberg e os modelos atômicos de Rutherford e Bohr.

No Capítulo 5, indicaremos a exposição dos vetores de estado e, por fim, no Capítulo 6, analisaremos o problema de uma partícula em uma caixa.

A vocês, estudantes e pesquisadores, desejamos excelentes reflexões.

Como aproveitar ao máximo este livro

Empregamos nesta obra recursos que visam enriquecer seu aprendizado, facilitar a compreensão dos conteúdos e tornar a leitura mais dinâmica. Conheça a seguir cada uma dessas ferramentas e saiba como elas estão distribuídas no decorrer deste livro para bem aproveitá-las.

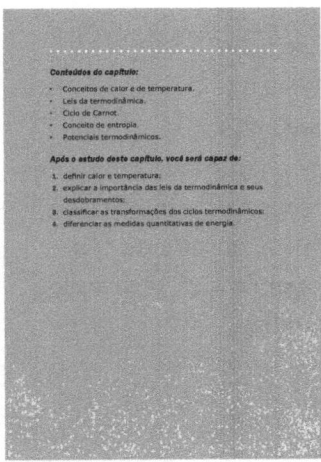

Conteúdos do capítulo:
Logo na abertura do capítulo, relacionamos os conteúdos que nele serão abordados.

Após o estudo deste capítulo, você será capaz de:
Antes de iniciarmos nossa abordagem, listamos as habilidades trabalhadas no capítulo e os conhecimentos que você assimilará no decorrer do texto.

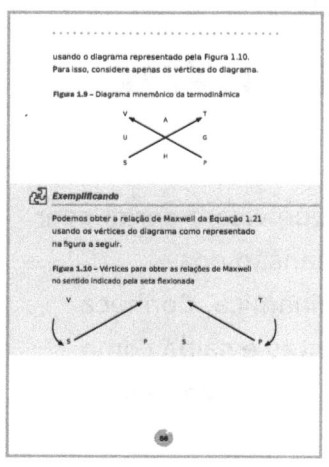

Exemplificando
Disponibilizamos, nesta seção, exemplos para ilustrar conceitos e operações descritos ao longo do capítulo a fim de demonstrar como as noções de análise podem ser aplicadas.

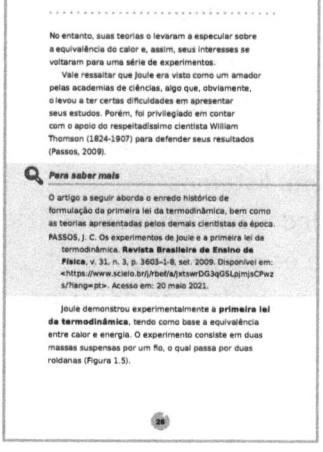

Para saber mais
Sugerimos a leitura de diferentes conteúdos digitais e impressos para que você aprofunde sua aprendizagem e siga buscando conhecimento.

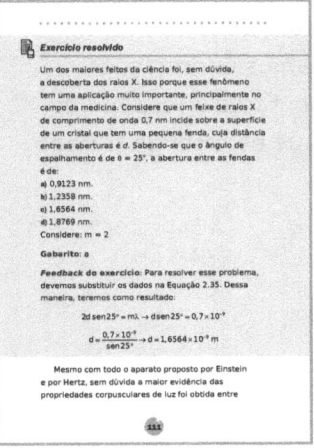

Exercícios resolvidos
Nesta seção, você acompanhará passo a passo a resolução de alguns problemas complexos que envolvem os assuntos trabalhados no capítulo.

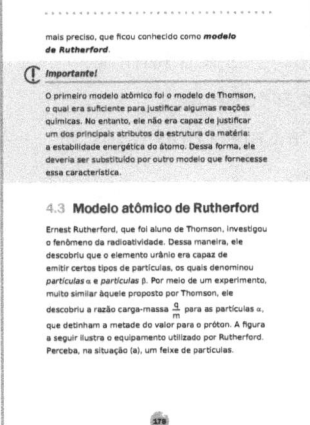

Importante!
Algumas das informações centrais para a compreensão da obra aparecem nesta seção. Aproveite para refletir sobre os conteúdos apresentados.

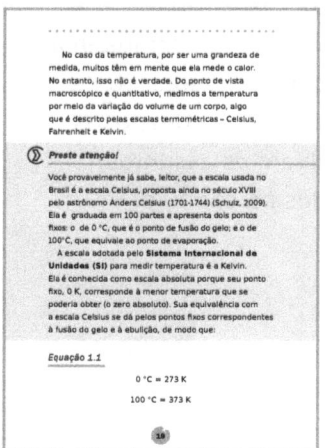

Preste atenção!
Apresentamos informações complementares a respeito do assunto que está sendo tratado.

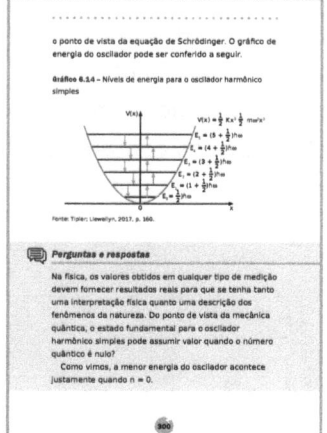

Perguntas & respostas
Nesta seção, respondemos às dúvidas frequentes relacionadas aos conteúdos do capítulo.

O que é?

Nesta seção, destacamos definições e conceitos elementares para a compreensão dos tópicos do capítulo.

Síntese

Ao final de cada capítulo, relacionamos as principais informações nele abordadas a fim de que você avalie as conclusões a que chegou, confirmando-as ou redefinindo-as.

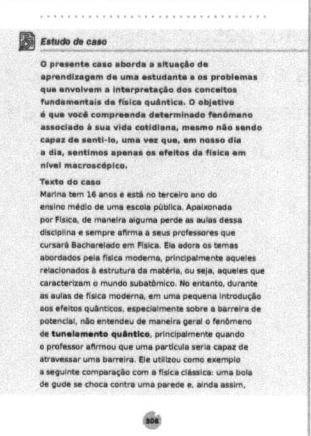

Estudo de caso

Nesta seção, relatamos situações reais ou fictícias que articulam a perspectiva teórica e o contexto prático da área de conhecimento ou do campo profissional em foco com o propósito de levá-lo a analisar tais problemáticas e a buscar soluções.

Bibliografia comentada

Nesta seção, comentamos algumas obras de referência para o estudo dos temas examinados ao longo do livro.

Radiação térmica e leis da termodinâmica

1

Conteúdos do capítulo:

- Conceitos de calor e de temperatura.
- Leis da termodinâmica.
- Ciclo de Carnot.
- Conceito de entropia.
- Potenciais termodinâmicos.

Após o estudo deste capítulo, você será capaz de:

1. definir calor e temperatura;
2. explicar a importância das leis da termodinâmica e seus desdobramentos;
3. classificar as transformações dos ciclos termodinâmicos;
4. diferenciar as medidas quantitativas de energia.

Desde a infância somos educados sobre os conceitos básicos de temperatura e de energia térmica. Sabemos, por exemplo, que não devemos encostar em uma boca de fogão que acabou de ser desligada, pois iremos nos queimar. De acordo com o tato, sabemos também que, tanto em um dia muito quente de verão quanto em uma noite muito fria de inverno, precisamos nos adequar para que nosso corpo mantenha uma temperatura aproximadamente constante, seja usando roupas mais leves para dias escaldantes, seja colocando um casaco em noites frias.

Termodinâmica é o estudo da relação entre calor, trabalho e energia, que envolve transformações que podem ser relacionadas a propriedades da matéria. Ela é uma parte indispensável dos fundamentos da física, da engenharia, da química e da biologia. Pode ser aplicada a inúmeros objetos e técnicas vinculados à ciência e à tecnologia: motores de automóveis, fornos micro-ondas, previsão do tempo, entre outros.

Inicialmente, precisamos entender e definir a temperatura e suas escalas, bem como os métodos para aferi-la. A seguir, definiremos o conceito de calor e sua relação de troca de energia causada pela diferença de temperatura. Nossa ênfase, neste capítulo, será na temperatura e no equilíbrio térmico, que será estendido para suas consequências, as quais são explicadas pelas leis da termodinâmica.

1.1 Equilíbrio térmico

Durante muito tempo, acreditou-se na teoria do calórico como causa das mudanças de temperatura. O calórico seria uma substância fluida invisível que comporia a matéria. A seguir, listamos algumas de suas propriedades bem definidas (Gomes, 2012):

- é uma substância fluida composta de partículas que se repelem;
- a temperatura do corpo depende diretamente da quantidade de calórico que detém;
- o equilíbrio térmico ocorre quando os dois corpos em contato têm a mesma quantidade de calórico;
- seu peso é desprezível;
- obedece ao princípio de conservação, não podendo ser criada ou destruída;
- tem uma quantidade finita.

A ascensão dessa teoria se deu com Antoine-Laurent de Lavoisier (1743-1794), embora ele nunca tenha se graduado em Química. Lavoisier era bacharel em Direito, mas nunca exerceu a profissão, dedicando-se, então, às ciências (Gomes, 2012). Em um de seus estudos sobre o calor, Lavoisier (1777, p. 420, tradução nossa) expressa sua visão a respeito do calórico:

> Assumirei neste ensaio, e naqueles que o seguem, que o mundo que habitamos está cercado por todos os lados de um fluido muito sutil, que penetra, ao que

parece, sem exceção, todos os corpos que o compõem; que esse fluido, que chamarei fluido ígneo, matéria do fogo, calor e luz, tende a atingir o equilíbrio em todos os corpos, mas não penetra todos com igual facilidade; finalmente, que esse fluido existe ora em um estado de liberdade, ora sobre uma forma fixa, combinado com os corpos.

Essa opinião sobre a existência de um fluido ígneo, longe de ser nova, é, ao contrário, a da maioria dos antigos físicos; portanto, creio que se pode dispensar o relato dos fatos sobre os quais ela é baseada.

A sequência do ensaio, aliás, lhe servirá de prova, pois, se eu notar que em todos os lugares ela concorda com os fenômenos, que, em toda parte, ela explica tudo o que acontece nas experiências físicas e químicas, isso é quase uma demonstração.

Até então, o calórico era definido apenas como um fluido sutil ou ígneo. Lavoisier definiu essa substância fluida como *calórico* para que não fosse confundida com o calor (Gomes, 2012).

A teoria do calórico tinha suas falhas, as quais começaram a ser criticadas ao longo dos anos. Benjamin Thompson (1753-1814), que se casou com a viúva de Lavoisier após ele ser condenado à morte durante a Revolução Francesa, foi um dos cientistas a investir esforços contra a teoria do calórico. Thompson verificou que o atrito causado entre a broca e o tubo do canhão gera uma quantidade indefinida de calor, o que claramente contrapõe a finitude do calórico (Passos, 2009). Contudo, isso não foi suficiente, pois

> derrubar uma dessas teorias não era nada simples. As pessoas costumavam pensar que bastava colocar um defeito em uma teoria para que ela caísse. Mas isso é ingênuo, porque, no nosso caso, mesmo que uma teoria não explicasse um certo fenômeno, ela explicava bem uma série de outros fenômenos. Cada teoria era complexa como uma estrutura. Você mexia aqui, e ela balançava ali, sacou? E ainda tinha a questão dos contra-ataques. (Medeiros, 2009, p. 12)

Até hoje não se tem um consenso a respeito dos principais fatores que levaram à queda da teoria do calórico. Talvez tenha ocorrido pela aceitação de uma série de novas descobertas no campo da termodinâmica, como o conceito e o princípio de conservação de energia (Gomes, 2012).

1.1.1 Temperatura e calor

Na termodinâmica, *temperatura* e *calor* têm significados bem definidos e distintos. O conceito de **calor** é intuitivo no que tange à sensação de quente ou frio ao tocar um corpo, por exemplo (Planck, 2013). O calor é uma forma de energia (a energia térmica) que pode ser transmitida entre corpos com temperaturas diferentes.

No caso da temperatura, por ser uma grandeza de medida, muitos têm em mente que ela mede o calor. No entanto, isso não é verdade. Do ponto de vista macroscópico e quantitativo, medimos a temperatura por meio da variação do volume de um corpo, algo que é descrito pelas escalas termométricas – Celsius, Fahrenheit e Kelvin.

 Preste atenção!

Você provavelmente já sabe, leitor, que a escala usada no Brasil é a escala Celsius, proposta ainda no século XVIII pelo astrônomo Anders Celsius (1701-1744) (Schulz, 2009). Ela é graduada em 100 partes e apresenta dois pontos fixos: o de 0 °C, que é o ponto de fusão do gelo; e o de 100°C, que equivale ao ponto de evaporação.

A escala adotada pelo **Sistema Internacional de Unidades (SI)** para medir temperatura é a Kelvin. Ela é conhecida como escala absoluta porque seu ponto fixo, 0 K, corresponde à menor temperatura que se poderia obter (o zero absoluto). Sua equivalência com a escala Celsius se dá pelos pontos fixos correspondentes à fusão do gelo e à ebulição, de modo que:

Equação 1.1

$$0\ °C = 273\ K$$

$$100\ °C = 373\ K$$

Nesse contexto, a temperatura é uma grandeza física com mensurabilidade relacionada à transferência de energia térmica na forma de calor entre dois ou mais sistemas termodinâmicos.

Exemplificando

A coluna de mercúrio de um termômetro se expande em contato com um corpo quente, possibilitando a "leitura" da temperatura. Confira, na Figura 1.1, uma ilustração dessa situação.

Figura 1.1 – Medição da temperatura a partir da variação da coluna de mercúrio

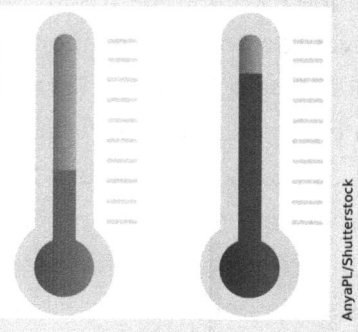

AnyaPL/Shutterstock

Do ponto de vista da mecânica estatística, há uma visão mais aprofundada a respeito da temperatura. Trata-se de sua leitura como grandeza de medida macroscópica aplicada diretamente a um sistema de coleção de grande número de partículas que compõem a matéria mediante informações do ponto de vista microscópico. Assim, nesse contexto, a temperatura é uma grandeza de medida do movimento de oscilações ou o grau de agitação de átomos e moléculas.

Exemplificando

Considere um gás ideal com um número de partículas igual a $6{,}02 \times 10^{23}$. Do ponto de vista microscópico, essas partículas movimentam-se com trajetórias aleatórias e alguma velocidade. Portanto, a temperatura do gás ideal é definida como uma grandeza que mede a energia cinética média dos graus de liberdade dessas partículas de todo o sistema, considerando-se que ele esteja em **equilíbrio térmico**.

O que é?

É bastante comum a observação de que dois ou mais corpos estão em equilíbrio térmico. Isso ocorre sem que tenhamos o conceito formal do que seria o equilíbrio térmico. Afinal, o que significa *equilíbrio térmico*? Costuma-se afirmar que dois ou mais sistemas estão em equilíbrio térmico quando, após trocas de calor, atingem a mesma temperatura.

1.1.2 Troca de calor

No dia a dia, vemos constantemente situações em que um corpo adquire ou cede calor para o meio, como quando se observa um cubo de gelo derreter-se em dias ensolarados ou quando se retira uma panela de água do fogo. O mesmo acontece quando se coloca em contato dois ou mais corpos de diferentes temperaturas. A esse processo, denomina-se *troca de calor* (Planck, 2013).

Agora, considere que dois corpos, A e B, e suas respectivas temperaturas T_A e T_B, formam um sistema isolado e são colocados em contato um com o outro, de modo que o corpo A irá ceder uma quantidade de calor $-Q_B$ para o corpo B. Este, por sua vez, receberá uma quantidade de calor Q_A. Dessa forma, a soma das quantidades de calor envolvidas nesse processo tornam-se nulas:

Equação 1.2

$$Q_A - Q_B = 0$$

Após certo tempo, ambos os corpos atingirão a mesma temperatura (equilíbrio térmico) e a troca de calor será cessada.

Figura 1.2 – Corpos A e B

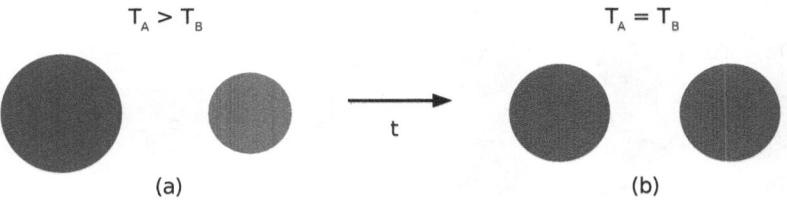

Na Figura 1.2, os corpos A e B, em que A é mais quente que B, são colocados em contato para eventual troca de calor. Após determinado tempo, ambos os corpos passam a ter a mesma temperatura.

1.2 Lei zero da termodinâmica

A lei zero da termodinâmica determina que, se um corpo A está em equilíbrio térmico com outros dois corpos, B e C, então B e C estão em equilíbrio térmico entre si (Halliday; Resnick; Walker, 2009). Em outras palavras:

$$\begin{cases} T_A = T_B \\ T_A = T_C \end{cases} \rightarrow T_B = T_C$$

Figura 1.3 – Diagrama de representação para a lei zero

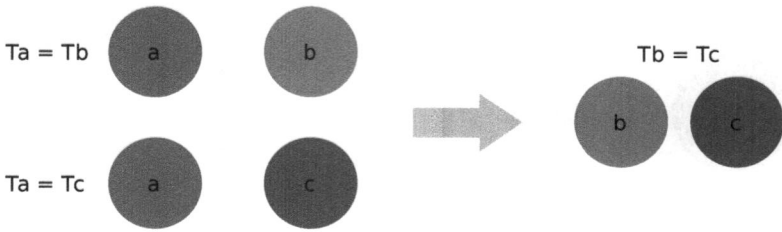

Dessa forma, a lei zero da termodinâmica permite comparar as temperaturas dos corpos *b* e *c* sem que eles estejam em contato térmico (Huang, 1987).

 Exemplificando

A Figura 1.4 representa situações de transferência de calor. Dois corpos, A e B, são colocados em contato térmico até atingir o equilíbrio térmico. Na sequência, o corpo A é colocado em contato com o corpo C. Por meio da lei zero, é possível tirar conclusões a respeito das quantidades de calor entre B e C.

Figura 1.4 – Dois corpos em contato térmico até atingir o equilíbrio térmico

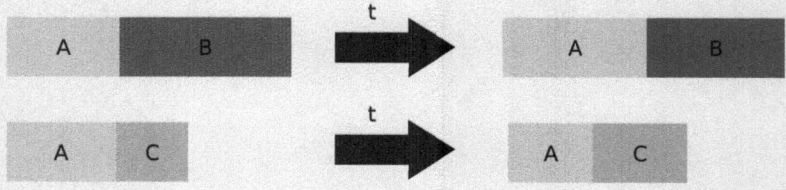

- O corpo A recebe calor do corpo B, ou seja, $T_A < T_B$.
- O corpo A cede calor para o corpo C; logo, $T_A > T_C$.
- Sem que necessariamente se coloque B e C em contato térmico, é possível concluir, com base na lei zero, que o corpo B está mais quente que o corpo C, ou seja, $T_B > T_C$.

Para saber mais

O *site* do Educa+ Brasil apresenta um pouco do contexto histórico da postulação da lei zero. Além disso, descreve sua importância e manifestação no cotidiano, além de apresentar alguns exemplos.

CONCEIÇÃO, T. Lei zero da termodinâmica. **Educa+ Brasil**, 20 jul. 2020. Disponível em: <https://bit.ly/3tgvvrs>. Acesso em: 12 maio 2021.

1.3 Primeira lei da termodinâmica

James Prescott Joule (1818-1889) foi educado em casa até sua família enviá-lo, em 1834, para estudar durante dois anos com John Dalton, um químico respeitadíssimo que defendia as ideias atomistas na época.

Joule era filho de um rico cervejeiro (Prigogine; Kondepudi, 1999) e logo se tornou o gerente da cervejaria da família. Tinha a física como *hobby*, pois interessou-se pelos estudos sobre eletricidade em virtude da recente invenção do motor elétrico.

No entanto, suas teorias o levaram a especular sobre a equivalência do calor e, assim, seus interesses se voltaram para uma série de experimentos.

Vale ressaltar que Joule era visto como um amador pelas academias de ciências, algo que, obviamente, o levou a ter certas dificuldades em apresentar seus estudos. Porém, foi privilegiado em contar com o apoio do respeitadíssimo cientista William Thomson (1824-1907) para defender seus resultados (Passos, 2009).

Para saber mais

O artigo a seguir aborda o enredo histórico de formulação da primeira lei da termodinâmica, bem como as teorias apresentadas pelos demais cientistas da época.

PASSOS, J. C. Os experimentos de Joule e a primeira lei da
    termodinâmica. **Revista Brasileira de Ensino de**
    Física, v. 31, n. 3, p. 3603–1-8, set. 2009. Disponível em:
    <https://www.scielo.br/j/rbef/a/jxtswrDG3qGSLpjmjsCPwzs/?lang=pt>. Acesso em: 20 maio 2021.

Joule demonstrou experimentalmente a **primeira lei da termodinâmica**, tendo como base a equivalência entre calor e energia. O experimento consiste em duas massas suspensas por um fio, o qual passa por duas roldanas (Figura 1.5).

Figura 1.5 – Experimento de Joule

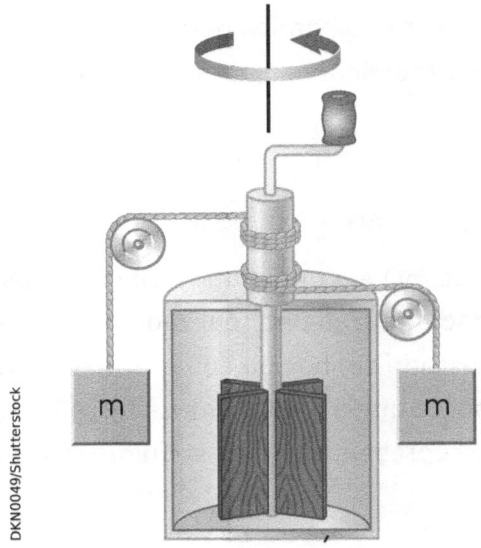

Ao cair de uma altura h, as massas movimentam as pás do reservatório por meio de uma manivela que agita a água. As energias observadas até aqui são as energias potencial e mecânica. As pás param à medida que as massas entram em repouso. Com a ajuda de um termômetro, observa-se uma elevação na temperatura da água. Esse resultado levou Joule a concluir que o trabalho mecânico pode ser convertido em calor (Huang, 1987).

> **Importante!**

A primeira lei da termodinâmica define, para uma transformação termodinâmica, uma quantidade ΔU como:

Equação 1.3

$$\Delta U = \Delta Q - \Delta W$$

Nessa equação, ΔQ é a quantidade de calor absorvida, ΔW é a quantidade de trabalho realizada pelo sistema e U é uma função-estado conhecida como **energia interna**.

Considerando-se que a transformação é infinitesimal, a primeira lei é representada pela seguinte diferencial exata:

Equação 1.4

$$dU = dQ - dW$$

1.3.1 Consequências da primeira lei da termodinâmica

A seguir, analisaremos os resultados, ou consequências, da formulação da primeira lei da termodinâmica.

Expansão livre de um gás ideal

Considere o seguinte experimento: um gás ideal ocupa determinado volume V_1 de um recipiente A conectado a um recipiente B contendo vácuo por meio de uma válvula fechada. Os recipientes A e B estão conectados por uma válvula fechada e imersos em um banho térmico de água. Após certo tempo, a válvula é aberta e o gás se expande até ocupar todo o volume do recipiente B, que corresponde a um volume V_2, sendo que $V_2 > V_1$. Confira a representação na Figura 1.6.

Figura 1.6 – Expansão livre de um gás

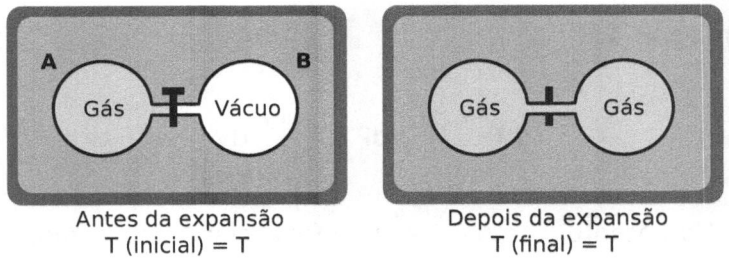

Antes da expansão
T (inicial) = T

Depois da expansão
T (final) = T

Fonte: Química para o Vestibular, 2017, p. 14.

Um termômetro verificou as temperaturas inicial (T_i) e final (T_f) do processo, o que permitiu observar que ambas são iguais ($T_i = T_f$). Como nenhum trabalho externo foi realizado sobre o sistema, então $\Delta W = 0$. Além disso, houve variação de volume, mas a temperatura se manteve constante ($\Delta Q = \Delta T = 0$). Isso significa que a variação da energia interna é nula ($\Delta U = 0$) e não depende do volume. Assim, pode-se concluir que a energia interna U depende apenas da temperatura T (Huang, 1987; Reif, 2009).

Energia interna do gás ideal

Considere que a energia interna seja uma função de estado de P e V, em que

Equação 1.5

$$U = U(P, V)$$

A forma diferencial para calcular essa energia interna é:

Equação 1.6

$$dU = \left(\frac{\partial U}{\partial P}\right)_v dP + \left(\frac{\partial U}{\partial V}\right)_p dV$$

No entanto, como dU é um diferencial exato, temos:

$$\frac{\partial}{\partial v}\left[\left(\frac{\partial u}{\partial p}\right)_v\right]_p = \frac{\partial}{\partial p}\left[\left(\frac{\partial u}{\partial v}\right)_p\right]_v$$

Sabendo-se que o trabalho pode ser escrito na forma dW = P dV, é possível reescrever a Equação 1.4 em termos de dQ para determinar as equações dQ que podem ser obtidas fixando-se os respectivos pares de variáveis independentes: (P, V), (P, T) e (V, T).

$$dQ = \left(\frac{\partial U}{\partial P}\right)_v dP + \left(\frac{\partial U}{\partial V}\right)_p dV = \left(\frac{\partial U}{\partial P}\right)_v dP + \left[\left(\frac{\partial U}{\partial V}\right)_p + P\right]dV$$

$$dQ = \left(\frac{\partial U}{\partial P}\right)_V dP + \left(\frac{\partial U}{\partial T}\right)_P dT + P\left[\left(\frac{\partial V}{\partial T}\right)_P dT + \left(\frac{\partial U}{\partial P}\right)_T dP\right] =$$

$$= \left[\left(\frac{\partial U}{\partial T}\right)_P + P\left(\frac{\partial V}{\partial T}\right)_P\right] dT + \left[\left(\frac{\partial U}{\partial P}\right)_T + P\left(\frac{\partial U}{\partial P}\right)_T\right] dP$$

$$dQ = \left(\frac{\partial U}{\partial T}\right)_V dT + \left(\frac{\partial U}{\partial V}\right)_T dV + PdV = \left(\frac{\partial U}{\partial T}\right)_V dT + \left[\left(\frac{\partial U}{\partial V}\right)_T + P\right] dV$$

Finalmente, é possível determinar as capacidades térmicas a partir das equações dQ dadas a seguir.

Equação 1.7

$$C_P \equiv \left(\frac{\Delta Q}{\Delta T}\right)_P = \left(\frac{\partial U}{\partial T}\right)_P + P\left(\frac{\partial V}{\partial T}\right)_P = \left(\frac{\partial H}{\partial T}\right)_P$$

Equação 1.8

$$C_V \equiv \left(\frac{\Delta Q}{\Delta T}\right)_V = \left(\frac{\partial U}{\partial T}\right)_V$$

Nesse caso, H é a entalpia do sistema, definida por $H \equiv U + PV$.

? O que é?

Podemos considerar a capacidade térmica *a priori* como uma habilidade que alguns corpos têm de "armazenar" o calor. No entanto, essa é uma falsa ideia sobre esse importante conceito físico. Afinal, o que é a capacidade térmica?

Capacidade térmica é uma grandeza extensiva relacionada à quantidade de calor que deve ser fornecida ao sistema para que haja uma variação da temperatura.

A equação para C_V (Equação 1.8) independe da temperatura, portanto:

Equação 1.9

$$U = C_V T + \text{Constante}$$

Isso significa que a energia interna é uma função linear.

$C_P - C_V$ para um gás ideal

Sabendo-se que C_P é dado pela Equação 1.7, CV pode ser reescrita como:

Equação 1.10

$$H = U + PV = C_V T + NkT = (C_V + Nk)T$$

Dessa forma, temos o seguinte:

Equação 1.11

$$C_P T = C_V + Nk$$

Equação 1.12

$$C_P - C_V = Nk$$

Portanto, $C_P > C_V$. Essa relação é conhecida como **relação de Mayer**. Ela revela que é mais eficiente aquecer um gás ideal com C_V, pois, nesse caso, toda a quantidade de calor é transformada em energia interna (Huang, 1987; Cengel; Boles, 2007).

1.3.2 Transformação adiabática de um gás ideal

Existe uma relação que governa o processo adiabático de um gás ideal. Para determiná-la, usaremos a primeira lei da termodinâmica em sua forma infinitesimal:

Equação 1.13

$$dQ = C_V\, dT + P\, dV$$

Para uma transformação adiabática, a equação fica da seguinte forma:

$$0 = C_V dT + \frac{nkT}{V} dV$$

Usando a relação da Equação 1.12 na expressão citada, obtemos:

$$0 = C_V \frac{dT}{T} + \left(C_P - C_V\right)\frac{dV}{V} dV$$

$$0 = \frac{dT}{T} + \left(\frac{C_p}{C_v} - 1\right)\frac{dV}{V} dV$$

em que $\frac{C_p}{C_v}$ = Constante = γ. Integrando, temos:

$$\text{Constante} = \ln T + (\gamma - 1)\ln V$$

$$\text{Constante} = \frac{PV^\gamma}{Nk}$$

$$\rightarrow PV^\gamma = \text{Constante}$$

Embora o gás ideal seja uma idealização, "seu conceito é amplamente usado devido à simplicidade da função de estado" (Mahan, 1972, p. 18).

Um modelo mais realista é a equação proposta pelo físico Johannes van der Waals (1837-1923), que consiste na teoria de um recipiente contendo gás que é composto por um número de moléculas com velocidade $\vec{v}$ (Mahan, 1972). Essas moléculas colidem entre si, mas também com as paredes do recipiente, exercendo uma força de intensidade P – no caso, a pressão. A definição matemática da equação de van der Waals é dada por:

Equação 1.14

$$\left(P + \frac{a}{V^2}\right)(V - b) = RT$$

Nessa equação, R é a constante dos gases, T é a temperatura e V é o volume do recipiente que é ocupado pelo gás. Os parâmetros *a* e *b* são, respectivamente, correspondentes à interação atrativa entre as moléculas do gás e ao volume ocupado pelas próprias moléculas

1.4 Segunda lei da termodinâmica

Você já deve ter percebido que o tempo parece ter uma seta preferencial para a ocorrência de alguns processos. Por exemplo, o calor flui de um corpo quente para um corpo de menor temperatura, mas o processo inverso nunca ocorre espontaneamente. Outro exemplo: um copo de vidro, ao quebrar-se em uma queda, nunca voltará ao seu estado anterior (pelo menos não de forma espontânea), assim como a tinta ao misturar-se com a água (Young; Freedman, 2008). Processos como esses são conhecidos como **processos irreversíveis**. A segunda lei da termodinâmica aborda justamente o fenômeno da irreversibilidade e como ele atua na termodinâmica.

Pensando a respeito da irreversibilidade, conforme esclarecemos, a energia mecânica é transformada em calor. Entretanto, o processo inverso ocorre de que maneira? O funcionamento de um motor de carro exemplifica bem o processo de transformação de calor em energia mecânica – transformação que ocorre apenas de maneira parcial (Young; Freedman, 2008). Essa limitação é determinada pela segunda lei, que também especifica o rendimento máximo de uma máquina térmica. Kelvin e Clausius definem a segunda lei da seguinte forma:

- **Kelvin**: "É impossível construir uma máquina térmica que opere em um ciclo termodinâmico, cujo único efeito seria converter uma quantidade de calor inteiramente em trabalho" (Huang, 1987, p. 18, tradução nossa).
- **Clausius**: "É impossível, de forma espontânea, uma transformação termodinâmica em que o único efeito seja extrair uma quantidade de calor de um reservatório quente e entregá-lo a um reservatório mais frio" (citado por Huang, 1987, p. 18, tradução nossa).

Essas afirmações são equivalentes e complementares. Enquanto a afirmação de Kelvin tem implicação no rendimento de uma máquina térmica, ou seja, de que, em uma transformação termodinâmica, uma quantidade de calor sempre será perdida durante o processo, a afirmação de Clausius diz respeito ao processo natural de fluidez do calor, em que para o calor fluir de uma fonte quente para uma fonte fria é necessário que haja realização de trabalho externo (como no caso de refrigeradores).

1.4.1 Ciclo de Carnot

O engenheiro francês Nicolas Carnot (1796-1832) idealizou uma máquina térmica que funcionaria com rendimento máximo (Carnot, 1824). Tal máquina opera em um ciclo reversível entre duas temperatura, T_2 e T_1, representado pelo diagrama P-V (Gráfico 1.1).

Gráfico 1.1 – Diagrama P-V para qualquer máquina operando em um ciclo de Carnot

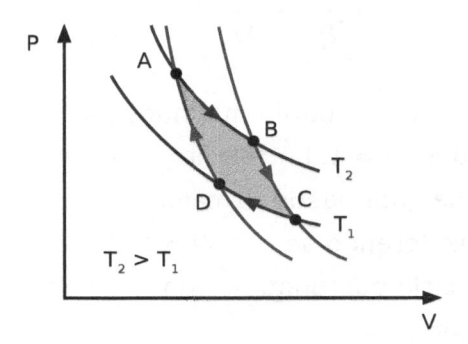

A dinâmica do ciclo é realizada da seguinte forma:

- AB é uma isotérmica à temperatura T_2, em que uma quantidade de calor Q_2 de uma fonte quente entra no sistema;
- BC e DA são, respectivamente, expansão e compressão adiabáticas;
- CD é uma isotérmica à temperatura T_1, em que uma quantidade de calor Q_1 é cedida do sistema para uma fonte fria.

De acordo com a primeira lei da termodinâmica, para um ciclo, a variação de energia interna é nula ($\Delta U = 0$). Isso implica que o trabalho realizado no processo seja de:

Equação 1.15

$$W = Q_2 - Q_1.$$

Assim, a **eficiência térmica** é dada por:

$$\eta = \frac{W}{Q_2} = \frac{Q_2 - Q_1}{Q_2} = 1 - \frac{Q_1}{Q_2}$$

Isso significa que, para uma máquina de eficiência máxima (100%), $\eta = 1$. Entretanto, isso só seria possível caso nenhuma quantidade de calor Q_1 fosse dissipada do sistema, considerando-se que $W > 0$. Caso $W < 0$, então teremos um ciclo operando no sentido inverso, como em um refrigerador.

Mediante o que foi exposto, segue o Teorema de Clausius: "A máquina de Carnot é a máquina mais eficiente operando entre duas diferentes temperaturas" (Huang, 1987, p. 26, tradução nossa).

Preste atenção!

Você sabia que toda substância sofre uma transformação líquido-gás em seu mol? Pois bem, 1 mol de uma substância sofre esse tipo de transformação em um ciclo reversível entre duas temperaturas – T_2 e T_1 (Huang, 1987), respectivamente –, como indica o Gráfico 1.2.

Gráfico 1.2 – Diagrama P-V para uma substância em transformação líquido-gás

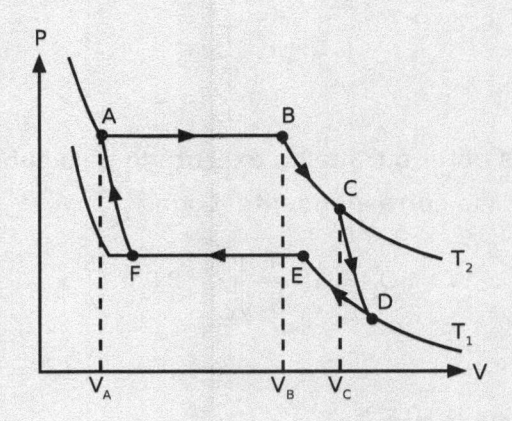

Fonte: Huang, 1987, p. 30.

- ABC e DEF são transformações isotérmicas;
- CD e FA são transformações adiabáticas;
- em A, a substância é um líquido com calor latente L ao decorrer de AB;
- em CDE, a substância é um gás ideal.

Qual o trabalho realizado por essa substância?
Seja Q_2 o calor absorvido ao longo de ABC:

$$Q_2 = L + RT_2 \ln \frac{V_C}{V_B}$$

Isso nada mais é do que a soma do calor latente e a quantidade de calor de um gás ideal.

Sabendo que a eficiência de um ciclo em razão da temperatura é dada por:

$$\eta = 1 - \frac{T_1}{T_2},$$

podemos obter o trabalho executado pela substância durante o ciclo correspondente. Logo:

$$W = \eta Q_2 = \left(1 - \frac{T_1}{T_2}\right)\left(L + RT_2 \ln \frac{V_C}{V_B}\right)$$

1.4.2 Entropia

Introduzida por Clausius e comumente relacionada ao grau de **desordem** de um sistema (Melo, 2018), a entropia é uma grandeza que mede o grau de liberdade das moléculas no que tange às várias configurações microscópicas que o sistema pode assumir.

Considerando o exemplo de máquinas térmicas, o calor absorvido pelo sistema por meio de uma fonte quente faz a desordem do sistema aumentar, uma vez que o calor aumenta a energia cinética de cada molécula, bem como seu estado aleatório (Young; Freedman, 2008). Quantitativamente, Clausius observou que, para uma transformação reversível, a integral

$$\int \frac{dQ}{T}$$

depende apenas dos pontos final e inicial da transformação, e independe do caminho de integração. Assim, existe uma função de estado, S = f(P, V, T), a qual denominamos *entropia*.

? O que é?

A **função de estado** está associada a duas ou mais variáveis que descrevem o estado termodinâmico de um sistema. Entre as variáveis de estado mais conhecidas, podemos citar a pressão (P), o volume (V) e a temperatura (T).

Sabendo disso, a diferença de entropia entre dois estados (A e B) é definida como:

$$S(A) - S(B) = \int_A^B \frac{dQ}{T}$$

Na forma infinitesimal, temos a seguinte diferencial exata:

$$dS = \frac{dQ}{T}$$

Vale ressaltar, ainda, outra propriedade física da entropia. Considerando-se um sistema isolado, dQ = 0 para qualquer ciclo termodinâmico, pois não há trocas de calor com o meio externo, isso nos leva imediatamente a uma diferença de entropia nula (para o caso de uma transformação reversível) ou positiva (se a transformação for irreversível). O importante é que a entropia **nunca pode ser negativa**. Além disso, ela atinge seu ponto máximo no estado de equilíbrio termodinâmico (Huang, 1987; Reif, 2009).

Considere o exemplo da Figura 1.7.

Figura 1.7 – Expansão isotérmica reversível de um gás ideal

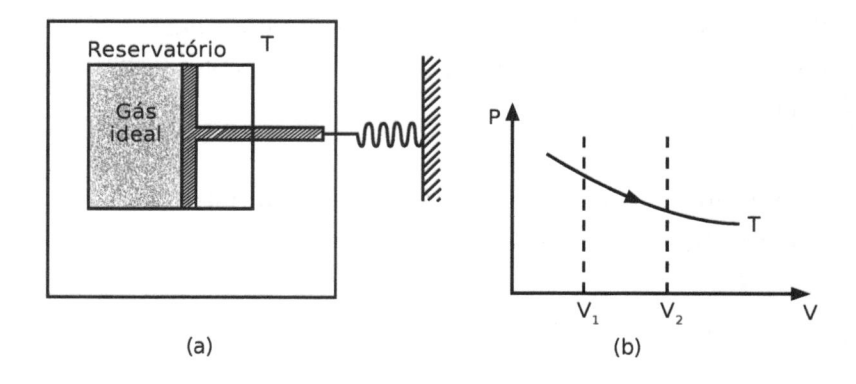

(a) (b)

Determinada quantidade de calor dQ é adicionada ao sistema para que ocorra expansão do gás a uma temperatura constante. Lembre-se da primeira lei, cuja principal consequência é que a energia interna (U) depende apenas da temperatura; portanto, U = Constante. Isso implica que a quantidade de calor dQ absorvida é igual ao trabalho realizado pelo gás dW. Além disso, note que o gás saiu de um estado mais ordenado para outro mais desordenado, uma vez que começou a ocupar um maior volume e as posições das moléculas tornaram-se mais aleatórias. Assim:

$$dS = \frac{dQ}{T}$$

No entanto, de acordo com a primeira lei:

$$dQ = dW = PdV = \frac{NkT}{V}dV$$

Sendo assim, a variação total da entropia, $\Delta S = S_2 - S_1$, é:

$$\Delta S = S_2 - S_1 = \frac{NkT}{T}\int_{V_1}^{V_2}\frac{dV}{V} = NkT\ln\left(\frac{V_2}{V_1}\right)$$

Como o processo é reversível, o trabalho armazenado na mola pode ser usado para reverter a transformação.

Exercício resolvido

A segunda lei da termodinâmica carrega em seu escopo um dos temas mais profundos de toda a física, a chamada *seta do tempo*. Contudo, não deixa de ser uma lei ainda prática do ponto de vista de sua aplicação.

Usando a segunda lei da termodinâmica, a temperatura máxima, no equilíbrio, para um sistema constituído de dois subsistemas, A e B, com as respectivas temperaturas iniciais TA e TB e as constantes capacidades caloríficas CA e CB, é dada por:

a) $T_{máx} = \left(\dfrac{C_V^A T_A + C_V^B T_B}{T_A + T_B} \right)$

b) $T_{máx} = \left(\dfrac{T_A + T_B}{C_V^A + C_V^B} \right)$

c) $T_{máx} = \left(\dfrac{C_V^A T_B + C_V^B T_A}{C_V^A + C_V^B} \right)$

d) $T_{máx} = \left(\dfrac{C_V^A T_A + C_V^B T_B}{C_V^A + C_V^B} \right)$

Gabarito: d

Feedback **do exercício:** Quando a temperatura é máxima, W → 0, podemos usar a segunda lei da termodinâmica, em que:

$$dQ = TdS = C_V dT$$

$$Q = \int C_V dT$$

Assim, podemos determinar a quantidade de calor de A, Q_A:

$$Q_A = C_V^A \int_{T_A}^{T_{máx}} dT = C_V^A \left(T_{máx} - T_A \right),$$

bem como a quantidade de calor do subsistema B, Q_B:

$$Q_B = C_V^B \int_{T_B}^{T_{máx}} dT = C_V^B \left(T_{máx} - T_B \right)$$

Como $Q_A + Q_B = 0$, então:

$$C_V^A(T_{máx} - T_A) + C_V^B(T_{máx} - T_B) = 0$$

$$T_{máx}(C_V^A + C_V^B) = C_V^A T_A + C_V^B T_B$$

$$T_{máx} = \left(\frac{C_V^A T_A + C_V^B T_B}{C_V^A + C_V^B}\right)$$

1.4.3 Definição microscópica de entropia

Em 1877, Ludwig Boltzmann (1844-1906) publicou seu trabalho intitulado *Relação entre a segunda lei da termodinâmica e a teoria das probabilidades, respectivamente as leis sobre o equilíbrio térmico* (Boltzmann, 1877) – em tradução livre –, no qual associa o conceito de entropia aos microestados acessíveis de um sistema baseado em análise combinatória.

Pense no lançamento aleatório de um total de N = 4 moedas sobre o chão e que metade delas dá cara e a outra metade dá coroa. Nesse caso, existem seis possibilidades para que esse resultado ocorra. Observe a Figura 1.8, em que um mesmo estado macroscópico conta com várias possibilidades de estados microscópicos dentro de um sistema.

Figura 1.8 – Estado macroscópico e suas possibilidades de estados microscópicos

Estado macroscópico	Estados microscópicos correspondentes
Quatro caras	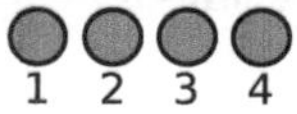 ●●●●
Três caras, uma coroa	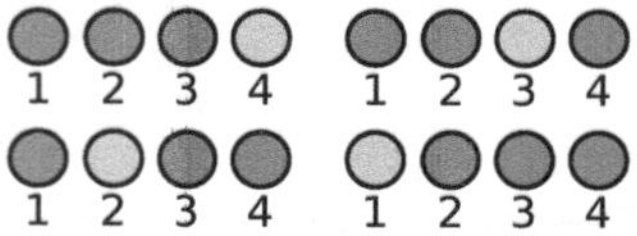 (4 configurações)
Duas caras, duas coroas	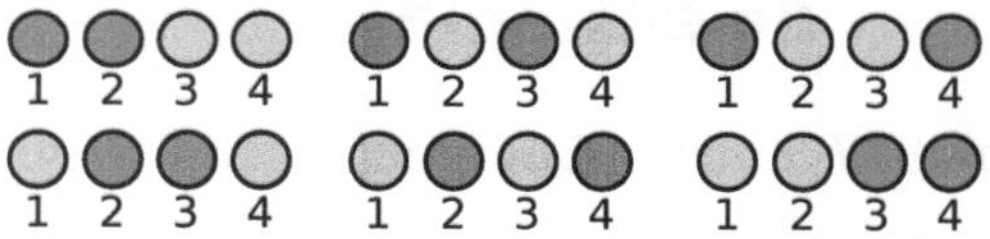 (6 configurações)
Uma cara, três coroas	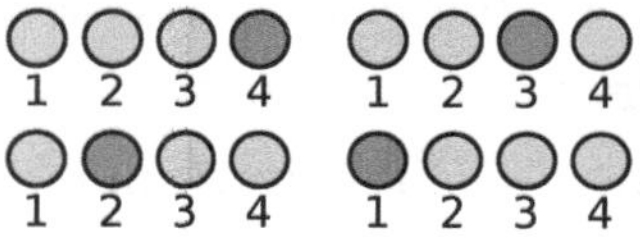 (4 configurações)
Quatro coroas	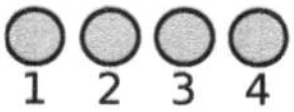 ○○○○

Fonte: Young; Freedman, 2008, p. 223.

Você deve ter notado que estamos tratando de dois estados: um que caracteriza o sistema como um todo e outro que descreve a informação de cada moeda individualmente. São, respectivamente, o **estado macroscópico** e o **estado microscópico**. Para um mesmo estado macroscópico, podem existir vários estados microscópicos.

Pense agora em um gás contendo 6,02 × 10²³ moléculas. Seu estado macroscópico é caracterizado pelas condições de pressão, temperatura e volume. Entretanto, para determinar a quantidade de estados microscópicos, deveríamos ter informações sobre cada posição e velocidade de cada uma das 6,02 × 10²³ moléculas, o que leva a uma quantidade absurdamente grande (Young; Freedman, 2008). Desse modo, se ocorre a expansão do gás, seu volume aumenta, bem como o intervalo das posições dessas partículas; portanto, aumenta-se a quantidade de possibilidades para os microestados. Assim, matematicamente, a entropia pode ser expressa como:

$$S = k \ln \omega$$

Nesse caso, ω é o número de microestados acessíveis do sistema e k é a constante de Boltzmann. Note que, quando $\omega = 1$, temos a menor quantidade possível de entropia ($S = 0$). Fique atento às propriedades. Elas valem aqui também. E *não* se esqueça de que a entropia de um sistema nunca é negativa.

Para os dias atuais, é fácil compreender a equação de Boltzmann para a entropia, visto que desde a infância aprendemos que átomos e moléculas constituem a matéria. Entretanto, naquela época, conceber a matéria como algo formado por partículas subatômicas não passava de uma teoria que, para uma parcela majoritária da comunidade científica, era totalmente infundada. Boltzmann era um defensor ferrenho do atomicismo na explicação de fenômenos macroscópicos, fato que o levou a muitas desavenças científicas e, posteriormente, a desavenças pessoais (UFPR, 2021a).

Boltzmann era depressivo e a doença o levou ao suicídio em 1906, pouco antes de saírem os resultados das primeiras medições que comprovariam suas teorias. Sua relação com a entropia está cravada em seu túmulo, que está localizado no Cemitério Central de Viena.

1.4.4 Consequências da segunda lei da termodinâmica

Nesta seção, demonstraremos algumas consequências da segunda lei da termodinâmica, começando com asfamosas equações TdS, de fundamental importância para este estudo. Nelas, há uma relação intrínseca entre as variáveis de estado.

As equações TdS expressam a variação da entropia em função de variáveis intensivas. Para defini-las, reescrevemos a Equação 1.8 da seguinte forma:

Equação 1.16

$$TdS = C_V dT + \left[\left(\frac{\partial U}{\partial V}\right)_T + P\right]dV$$

Sabendo que dS é um diferencial exato, então:

$$\left(\frac{\partial}{\partial V}\right)_T \left(\frac{C_v}{T}\right) = \left(\frac{\partial}{\partial V}\right)_T \left[\frac{1}{T}\left(\frac{\partial U}{\partial V}\right)_T + \frac{P}{T}\right]$$

$$\frac{1}{T}\left(\frac{\partial}{\partial V}\right)_T \left(\frac{\partial}{\partial T}\right)_V U = -\frac{1}{T^2}\left(\frac{\partial U}{\partial V}\right)_T + \frac{1}{T}\left(\frac{\partial}{\partial T}\right)_V \left(\frac{\partial}{\partial V}\right)_T U - \frac{P}{T^2} + \frac{1}{T}\left(\frac{\partial P}{\partial T}\right)_V$$

Assim, obtemos:

Equação 1.17

$$\left(\frac{\partial U}{\partial V}\right)_T = T\left(\frac{\partial P}{\partial T}\right)_V - P$$

Substituindo a Equação 1.16, definimos, portanto, a primeira equação TdS:

$$TdS = C_v dT + T\left(\frac{\partial P}{\partial T}\right)_V dV$$

Da mesma forma, é fácil perceber que as equações a seguir são as demais equações TdS:

$$TdS = C_p dT - T\left(\frac{\partial V}{\partial T}\right)_P dP$$

e

$$TdS = C_v \left(\frac{\partial T}{\partial P}\right)_V dP - C_p \left(\frac{\partial T}{\partial V}\right)_P dV$$

Exercício resolvido

A equação da entropia de um gás ideal, $S = S(V, T)$, é:

a) $S = C_V \ln T + \ln V + S_0$
b) $S = C_V T^2 + \ln V + S_0$
c) $S = C_V \ln T + nk \ln V + S_0$
d) $S = C_V \ln T + \ln V$.

Gabarito: c

Feedback do exercício: Reescrevendo a primeira equação TdS da seguinte forma:

$$TdS = C_V dT + T\left(\frac{\partial P}{T}\right)_V dV$$

$$dS = C_V \frac{dT}{T} + \left(\frac{\partial P}{T}\right)_V dV$$

descobrimos que a equação de estado de um gás ideal é $PV = nkT$. Logo:

$$\left(\frac{\partial P}{T}\right)_V = \frac{nk}{V}$$

Assim, reescrevemos:

$$dS = C_V \frac{dT}{T} + nk\frac{dV}{V}$$

Por integração, a entropia é dada por:

$$S = C_V \ln T + nk \ln V + S_0$$

1.4.5 Potenciais termodinâmicos

Potenciais termodinâmicos são diferentes medidas quantitativas de energia de um sistema. São usados para verificar como o sistema evolui, sendo aplicados de acordo com as limitações do sistema. Eles permitem calcular as demais propriedades termodinâmicas por meio de derivações. Os potenciais são construídos por meio de transformadas de Legendre da energia interna U (S, V) (Salinas, 1997). Confira a seguir alguns desses importantes potenciais.

Energia interna U

$$U = Q - W$$

Essa equação conta com a seguinte forma diferencial:

Equação 1.18

$$U = T \, dS - P \, dV$$

Se considerarmos suas variáveis independentes, pode ser também escrita como:

$$dU(S,V) = \left(\frac{\partial U}{\partial S}\right)_V dS + \left(\frac{\partial U}{\partial V}\right)_S dV$$

Comparando as duas equações mencionadas, percebemos que:

$$-T = \left(\frac{\partial U}{\partial S}\right)_v$$

$$-P = \left(\frac{\partial U}{\partial V}\right)_s$$

Podemos encontrar relações de derivadas em função de variáveis independentes usando o **teorema de Schwarz**.

(?) O que é?

O que significa o teorema se Schwarz?

Teorema de Schwarz é uma condição de igualdade entre derivadas parciais cruzadas. Em termos gerais, é uma relação do tipo:

$$\frac{\partial^2 f}{\partial x \partial y} = \frac{\partial^2 f}{\partial y \partial x}$$

Portanto,

$$\frac{\partial^2 U}{\partial V \partial S} = \frac{\partial^2 U}{\partial S \partial V}$$

Que implica na seguinte relação:

$$-\left(\frac{\partial T}{\partial V}\right)_s = -\left(\frac{\partial S}{\partial S}\right)_v$$

Energia livre de Helmholtz

$$F(T, V) = U - TS$$

Em suas formas diferenciais, essa equação é definida por:

$$dF(T, V) = -SdT - P\,dV$$

e

$$dF(T,V) = \left(\frac{\partial F}{\partial T}\right)_V dT + \left(\frac{\partial F}{\partial V}\right)_T dV$$

Portanto, obtemos:

$$-S = \left(\frac{\partial F}{\partial T}\right)_V$$

$$-P = \left(\frac{\partial F}{\partial V}\right)_T$$

Desse modo, aplicando o teorema de Schwarz, temos:

$$\frac{\partial^2 F}{\partial V \partial T} = \frac{\partial^2 F}{\partial T \partial V},$$

Assim, obtemos:

Equação 1.19

$$-\left(\frac{\partial S}{\partial P}\right)_T = \left(\frac{\partial V}{\partial T}\right)_P$$

Energia livre de Gibbs

$$G(T, P) = U - TS + PV = F + PV$$

Essa equação conta com uma forma diferencial, que é:

$$dG(T, V) = -SdT + V\,dP$$

Conta, também, com variáveis independentes:

$$dG(T,V) = \left(\frac{\partial G}{\partial T}\right)_P dT + \left(\frac{\partial G}{\partial P}\right)_T dP$$

Comparando-se as duas diferenciais com relação a G, é fácil perceber que:

$$-S = \left(\frac{\partial G}{\partial T}\right)_P$$

$$V = \left(\frac{\partial G}{\partial P}\right)_T$$

Assim, a relação da derivada segunda fica:

$$\frac{\partial^2 G}{\partial P \partial T} = \frac{\partial^2 G}{\partial P \partial T}$$

Consequentemente:

Equação 1.20

$$-\left(\frac{\partial S}{\partial P}\right)_T = \left(\frac{\partial V}{\partial T}\right)_P$$

Entalpia

$$H(S, P) = U + PV$$

As diferenciais dessa equação, definida anteriormente, podem ser escritas como:

$$dH = T\,dS + V\,dP$$

Desse modo, obtemos as seguintes relações:

$$-T = \left(\frac{\partial H}{\partial S}\right)_P$$

$$V = \left(\frac{\partial H}{\partial P}\right)_S$$

Então, pelo teorema de Schwarz, temos:

$$\frac{\partial^2 H}{\partial P \partial S} = \frac{\partial^2 H}{\partial S \partial P}$$

Assim:

Equação 1.21

$$\left(\frac{\partial T}{\partial P}\right)_S = \left(\frac{\partial V}{\partial S}\right)_P$$

As relações obtidas nas Equações 1.19, 1.20 e 1.21 são conhecidas como *relações de Maxwell* (Reif, 2009; Salinas, 1997). Elas só podem ser obtidas pelo fato de dU ser um diferencial exato (Huang, 1987). É possível determinar as relações de Maxwell mais facilmente

usando o diagrama representado pela Figura 1.10.
Para isso, considere apenas os vértices do diagrama.

Figura 1.9 – Diagrama mnemônico da termodinâmica

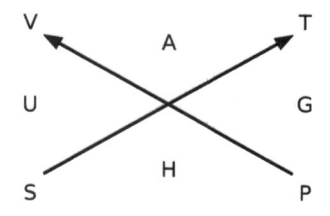

```
    V           T
       ╲   A  ╱
    U    ╳    G
       ╱   ╲
    S    H    P
```

Exemplificando

Podemos obter a relação de Maxwell da Equação 1.21 usando os vértices do diagrama como representado na figura a seguir.

Figura 1.10 – Vértices para obter as relações de Maxwell no sentido indicado pela seta flexionada

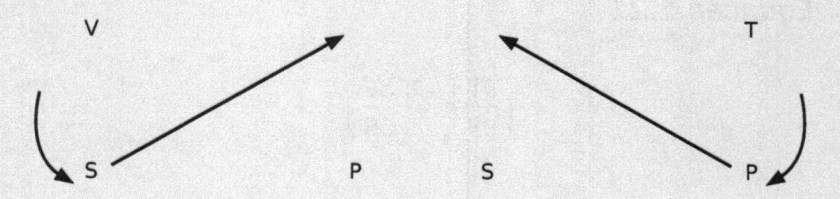

```
   V                           T
    ╲       ↗      ↖          ╱
     ↘                        ↙
      S         P     S         P
```

Exercício resolvido

O trabalho executado (à temperatura constante T_0) por determinada substância durante uma expansão é (Huang, 1987):

$$W = RT_0 \ln \frac{V}{V_0}$$

Com sua entropia dada por:

$$S = R \frac{V}{V_0} \left(\frac{T}{T_0}\right)^a$$

Nessa equação, V_0, T_0 e a são constantes fixas. Assim, a energia livre de Helmholtz e o trabalho executado à temperatura constante T são, respectivamente:

a) $F = -RT_0 \ln \frac{V}{V_0} + \frac{RVT_0}{(a+1)V_0}\left[1 - \left(\frac{T}{T_0}\right)^{a+1}\right]$,

$W = RT_0 \ln \frac{V}{V_0} - \frac{RT_0}{(a+1)V_0}\left[1 - \left(\frac{T}{T_0}\right)^{a+1}\right](V - V_0)$.

b) $F = -RT_0 \ln \frac{V}{V_0} + \frac{RVT_0}{(a+1)V_0}\left[1 - \left(\frac{T}{T_0}\right)^{a+1}\right]$,

$W = \frac{RT_0}{(a+1)V_0}\left[1 - \left(\frac{T}{T_0}\right)^{a+1}\right](V - V_0)$

c) $F = \dfrac{RT_0}{(a+1)V_0}\left[1-\left(\dfrac{T}{T_0}\right)^{a+1}\right]$,

$W = RT_0 \ln\dfrac{V}{V_0} - \dfrac{RT_0}{(a+1)V_0}\left[1-\left(\dfrac{T}{T_0}\right)^{a+1}\right](V-V_0)$.

d) $F = \dfrac{RT_0}{(a+1)V_0}\left[1-\left(\dfrac{T}{T_0}\right)^{a+1}\right]$,

$W = \dfrac{RT_0}{(a+1)V_0}\left[1-\left(\dfrac{T}{T_0}\right)^{a+1}\right](V-V_0)$.

Gabarito: a

Feedback **do exercício**: A energia livre de Helhmoltz é dada por:

Equação A

$$F = U - TS$$

e sua forma diferencial é:

Equação B

$$dF = dU - TdS - SdT$$

em que $dU = T\,dS - P\,dV$. Portanto, sua forma diferencial fica:

Equação C

$$dF = dU - T\,dS - SdT$$

e as respectivas relações derivativas:

$$-P = \left(\frac{\partial F}{\partial V}\right)_T$$

Equação D

$$-S = \left(\frac{\partial F}{\partial T}\right)_V$$

Agora, podemos calcular a energia livre à temperatura constante F_0:

Equação E

$$F_0 = -\int PdV = -W = -RT_0 \ln\frac{V}{V_0}$$

A parte que corresponde ao volume constante é dada por:

$$F(T,V) = -\int_{T_0}^{T} SdT = -\frac{RV}{V_0 T_0^a}\int_{T_0}^{T} T^a dT$$

$$= -\frac{RV}{(a+1)V_0 T_0^a}\left[T^{a+1} - T_0^{a+1}\right]$$

$$= \frac{RVT_0}{(a+1)V_0}\left[1 - \left(\frac{T}{T_0}\right)^{a+1}\right]$$

Assim, F é dado por:

$$F = -RT_0 \ln\frac{V}{V_0} + \frac{RVT_0}{(a+1)V_0}\left[1-\left(\frac{T}{T_0}\right)^{a+1}\right]$$

Para determinar o trabalho executado, devemos, primeiro, obter a equação de estado a partir da relação de Maxwell obtida na Equação D. Desse modo:

$$P = -\frac{\partial F}{\partial V} = -\frac{\partial}{\partial V}\left\{-RT_0\ln\frac{V}{V_0} + \frac{RVT_0}{(a+1)V_0}\left[1-\left(\frac{T}{T_0}\right)^{a+1}\right]\right\} =$$

$$= \frac{RT_0}{V} - \frac{RT_0}{(a+1)V_0}\left[1-\left(\frac{T}{T_0}\right)^{a+1}\right].$$

Portanto, o trabalho executado é expresso por:

$$W = \int_{V_0}^{V} PdV = RT_0\ln\frac{V}{V_0} - \frac{RT_0}{(a+1)V_0}\left[1-\left(\frac{T}{T_0}\right)^{a+1}\right](V-V_0)$$

1.4.6 Outras propriedades termodinâmicas

A entropia como função de estado também explica outras propriedades termodinâmicas, como:

- Coeficiente de expansão térmica: $\alpha \equiv \frac{1}{V}\left(\frac{\partial V}{\partial T}\right)_P$

- Coeficiente de compressibilidade térmica:

$$\kappa_T \equiv -\frac{1}{V}\left(\frac{\partial V}{\partial V}\right)_T$$

- Coeficiente de compressibilidade adiabática:

$$\kappa_T \equiv -\frac{1}{V}\left(\frac{\partial V}{\partial P}\right)_S$$

Essas propriedades serão úteis para determinar relações em termos de grandezas mensuráveis. Por exemplo, podemos determinar a relação $C_P - C_V$ em termos dos coeficientes citados. Vamos lá?

Como já apresentamos:

Equação 1.22

$$C_P - C_V = T\left[\left(\frac{\partial S}{\partial T}\right)_P - \left(\frac{\partial S}{\partial T}\right)_V\right]$$

Contudo, considerando-se as variáveis independentes de S, S = S (T, V), a forma diferencial de S é dada por:

$$dS = \left(\frac{\partial S}{\partial T}\right)_V dT - \left(\frac{\partial S}{\partial V}\right)_T dT$$

Já a de V = V (T, P) fica:

$$dV = \left(\frac{\partial V}{\partial T}\right)_P dT - \left(\frac{\partial V}{\partial P}\right)_T dP.$$

Desse modo, reescrevemos dS:

$$dS = \left(\frac{\partial S}{\partial T}\right)_V dT + \left(\frac{\partial S}{\partial V}\right)_T \left(\frac{\partial V}{\partial T}\right)_P dT.$$

Substituindo na Equação 1.22, obtemos:

$$C_P - C_V = T\left(\frac{\partial S}{\partial V}\right)_T \left(\frac{\partial V}{\partial T}\right)_P.$$

Agora, usando a seguinte relação de Maxwell,

$$\left(\frac{\partial S}{\partial V}\right)_T = \left(\frac{\partial P}{\partial T}\right)_V,$$

obtemos:

$$C_P - C_V = T\left(\frac{\partial P}{\partial T}\right)_V \left(\frac{\partial V}{\partial T}\right)_P = \pm VT\left(\frac{\partial P}{\partial T}\right)_V.$$

Entretanto, podemos fazer uso de ferramentas matemáticas. Dessa forma, é fácil obter:

$$\left(\frac{\partial P}{\partial T}\right)_V \left(\frac{\partial T}{\partial V}\right)_P \left(\frac{\partial V}{\partial P}\right)_T = -1.$$

Desse modo,

$$\left(\frac{\partial P}{\partial T}\right)_V = \frac{\alpha}{\kappa_T},$$

portanto:

$$C_p - C_V = \frac{\alpha^2 VT}{\kappa_T}.$$

1.5 Terceira lei da termodinâmica

De acordo com Nerst (citado por Huang, 1987, p. 25, tradução nossa), "a entropia de um sistema à temperatura zero absoluto é uma constante universal que pode ser tomada como nula".

Figura 1.11 – Ilustração de um sistema envolvendo dois estados diferentes

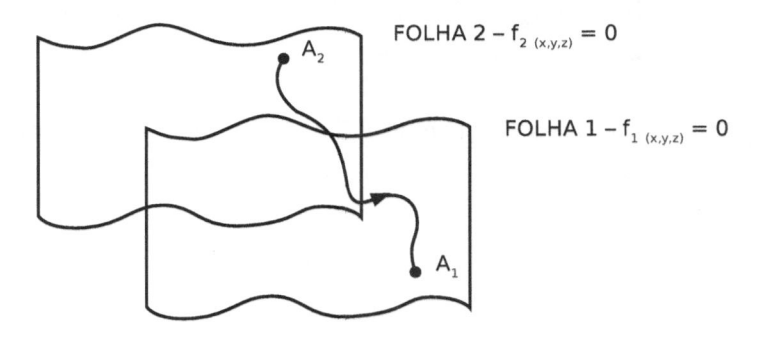

FOLHA 2 – $f_{2\,(x,y,z)} = 0$

FOLHA 1 – $f_{1\,(x,y,z)} = 0$

Para melhor compreensão, tomaremos como exemplo duas folhas planas paralelas em que, arbitrariamente, dois pontos serão escolhidos, A_1 e A_2, respectivamente. As duas folhas representadas no problema poderiam ser, por exemplo, duas substâncias ou estados distintos, cada um com a própria equação de estado termodinâmico dada, respectivamente, por f1 = (x, y, z) = 0 e f2 = (x, y, z) = 0. Note que essas folhas nunca se cruzam e, portanto, como verificar a variação de entropia nesse caso em que não existe caminho de reversibilidade?

A terceira lei é o que nos permite tomar o ponto nulo como referência independentemente da superfície (Huang, 1987). Em outras palavras, o parâmetro T, que "liga" as folhas, é nulo, ao passo que a variação da entropia é definida como S = 0. Tal parâmetro é a temperatura. Vejamos a seguir algumas consequências dessa lei.

1.5.1 Consequências da terceira lei da termodinâmica

I. As capacidades caloríficas (C_V e C_P) se anulam quando $T \to 0$; pela segunda lei

$$S(A) = \int_0^{T_A} \frac{dQ}{T} = \int_0^{T_A} C(T) \frac{dT}{T},$$

em que C(T) é a representação das capacidades caloríficas de modo geral.

Pela terceira lei, $\lim_{T_A \to 0} S(A) \to 0$, portanto, $\lim_{T \to 0} C(T) \to 0$.

II. O coeficiente de expansão térmica α também é nulo quando $T \to 0$. Da definição de α, temos:

Equação 1.23

$$V\alpha = \left(\frac{\partial V}{\partial T}\right)_P = -\left(\frac{\partial S}{\partial P}\right)_T$$

$$V\alpha = -\frac{\partial}{\partial P}\int_0^T C_P \frac{dT}{T}$$

Das equações TdS, temos:

$$TdS = C_P dT - T\left(\frac{\partial V}{\partial T}\right)_P dP$$

Finalmente, obtemos:

$$\left(\frac{\partial S}{\partial T}\right)_P = \frac{C_P}{T}$$

$$\left(\frac{\partial S}{\partial P}\right)_T = -\left(\frac{\partial V}{\partial T}\right)_P \left(\frac{\partial C_P}{\partial P}\right)_T$$

$$= \left(\frac{\partial}{\partial P}\right)_T \left(\frac{\partial S}{\partial T}\right)_P = T\left(\frac{\partial}{\partial T}\right)_P \left(\frac{\partial S}{\partial P}\right)_T$$

$$\Rightarrow \left(\frac{\partial C_P}{\partial P}\right)_T = -T\left(\frac{\partial^2 V}{\partial T^2}\right)_P$$

Substituindo na Equação 1.23, temos:

Equação 1.24

$$V\alpha = \int_0^T \left(\frac{\partial^2 V}{\partial T^2}\right)_P dT = \left(\frac{\partial V}{\partial T}\right)_P - \left[\left(\frac{\partial V}{\partial T}\right)_P\right]_{T=0}$$

Isso leva a $\lim_{T \to 0} V\alpha \to 0$ quando $\lim_{T \to 0} \alpha \to 0$.

A terceira lei é uma consequência da mecânica quântica. Um sistema à temperatura zero absoluto estará no estado quântico fundamental e, assim, o sistema terá sua entropia mínima ou estado de máxima organização quando T = 0.

Síntese

- A tendência natural é que um sistema busque seu estado de equilíbrio termodinâmico ao realizar trocas de calor.
- A relação entre calor e energia foi afirmada por meio da primeira lei da termodinâmica. Nela, a energia interna tem consequência direta como função única da temperatura.
- A segunda lei da termodinâmica dá ênfase à discussão sobre irreversibilidade e sua associação ao conceito de entropia como um grau de desordem. Além disso, dita a limitação do mecanismo e da eficiência das máquinas térmicas.

- A definição microscópica da entropia foi definida por Boltzmann, que relacionou o conceito de entropia com o número de microestados acessíveis do sistema.
- A terceira lei da termodinâmica estabelece a entropia nula como a temperatura do zero absoluto.

Primórdios da teoria quântica da matéria

2

Conteúdos do capítulo:

- Experimento de J. J. Thomson.
- Experimento de Millikan.
- Radiação do corpo negro e a gênese da mecânica quântica.
- Efeitos fotoelétrico e Compton (espectros atômicos).
- Movimento browniano.

Após o estudo deste capítulo, você será capaz de:

1. elencar os principais fenômenos que levaram à formulação da teoria quântica da matéria;
2. compreender que os fundamentos da teoria quântica da matéria tiveram como base leis empíricas fundamentadas em observação;
3. entender os fundamentos da teoria quântica da matéria, o problema da radiação do corpo negro e a lei de Planck;
4. distinguir o efeito fotoelétrico do efeito Compton.

Até o final do século XIX, todo conhecimento sobre a estrutura da matéria estava fundamentado na ideia dos atomistas gregos de que a matéria era constituída de pequenas quantidades indivisíveis, chamadas de *átomos* – embora a teoria eletromagnética de Maxwell, que estuda propriedades da matéria em nível atômico, já fosse um dos maiores feitos da física naquela época. No que diz respeito ao movimento, a mecânica newtoniana era a teoria responsável pela completa descrição dos movimentos dos corpos no regime macroscópico.

No entanto, no início do século XX, houve o que chamamos de "quebra de paradigma" no que se refere à compreensão da estrutura da matéria dos corpos e, de maneira geral, ao próprio funcionamento do Universo. Foi nessa época que surgiu a teoria da relatividade de Einstein (relatividade restrita e geral) e a teoria quântica, que são os dois pilares da física moderna. Neste capítulo, iremos nos restringir ao estudo das propriedades no mundo atômico.

2.1 A descoberta do elétron e a quantização da carga

É importante destacar que a primeira quantidade quantizada foi a carga elétrica antes de adentrarmos nas propriedades que descrevem a radiação com propriedades corpusculares, ou seja, propriedades de partículas. Antes de demonstrarmos a quantização da carga, faz-se necessário abordar a descoberta do elétrom por J. J. Thomson em 1897 com o experimento com tubo de raios catódicos (Halliday; Resnick; Walker, 2013).

Raios catódicos são radiações que foram descobertas no final do século XIX, cuja natureza não estava ainda bem compreendida. Esse fato foi determinante, uma vez que Thomson não tinha total compreensão de seus efeitos quando iniciou seus experimentos no Laboratório Cavendish, na Inglaterra. Diferentemente da maioria dos cientistas da época, que achavam que os raios catódicos eram uma consequência de um processo no *ether*, Thomson propôs que os raios eram partículas materiais carregadas com "carga negativa" – nesse caso, ele desenvolveu um método para medir a razão entre a carga e a massa dessas partículas, os elétrons. Na figura a seguir apresentamos um esquema do que seria um tubo de raios catódicos, utilizado por Thomson em seu trabalho,

Figura 2.1 – Ilustração dos componentes de um tubo de raios catódicos

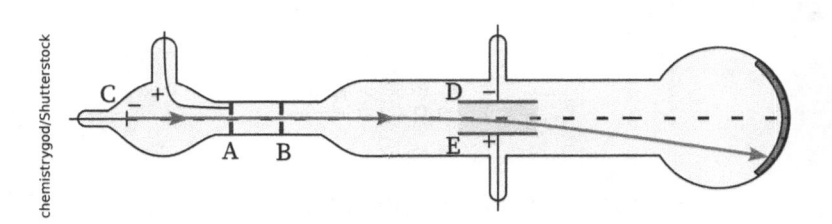

As componentes do tubo de raios catódicos podem ser vistas na Figura 2.1, em que temos dois ânodos, A e B, que são ligados ao potencial positivo, e o cátodo, ligado ao potencial negativo. Com uma pressão baixa, mas ainda com uma quantidade razoável de gás no interior do tubo, há ionização do gás residual e uma luz é emitida na região entre o cátodo e o ânodo A (Ribas, 2014).

Uma vez que a pressão diminui após certo valor, tudo se torna escuro, exceto uma faixa no anteparo fosforescente colocado na outra extremidade do tubo. Os raios catódicos podem ser desviados por campos elétricos ou magnéticos. Ao se aplicar uma diferença de potencial V entre as placas D e E, a imagem é desviada para cima ou para baixo. Quando aplicamos um campo magnético uniforme B entre as placas, na direção perpendicular ao plano do papel, na região em que existe campo, os raios catódicos descreverão uma trajetória circular (Ribas, 2014). O raio desse círculo pode ser obtido aplicando-se a segunda lei de Newton, uma vez que sabemos que as forças que atuam são a força magnética e a força centrípeta. Dessa maneira:

Equação 2.1

$$F_{Mg} = F_{CPT} \rightarrow qvB = \frac{mv^2}{r}$$

Simplificando o termo da velocidade e isolando o raio, podemos demonstrar que sua expressão é:

Equação 2.2

$$r = \frac{mv}{qB}$$

Como objetivo de determinar a velocidade dos raios, Thomson coletava e media a carga total, definida como $Q = Nq$, em que N é o número total de partículas dos raios catódicos que atingem a pequena placa condutora. Quando medimos o aumento de temperatura dessa placa, consideramos a quantidade de calor gerado corresponde à perda de energia cinética E das partículas do raio. Nesse caso, $E_c = \frac{Nmv^2}{2}$. Assim, como $N = \frac{Q}{q}$, reorganizando a expressão da energia cinética para explicitarmos a velocidade, obtemos o seguinte:

Equação 2.3

$$v^2 = \frac{2E_c q}{mQ}$$

Dessa expressão podemos obter um dos mais importantes resultados físicos da época, a chamada *razão carga/massa*, que é dada por:

Equação 2.4

$$\frac{q}{m} = \frac{2E_c}{QR^2B^2}$$

Esse resultado tinha um problema: não resultava em valores precisos, mas na razão $\frac{q}{m}$, em virtude das dificuldades de se determinar o valor da energia cinética das partículas. Thomson desenvolveu outro método em que aplicava, além do campo magnético B, uma diferença de potencial V na região entre as duas placas.

Considere que o raio devido a um feixe de partículas de carga *q* e massa M atravesse a região entre as placas com velocidade *v* perpendicular à direção do campo magnético na região em que há campo B. A força magnética fará com que as partículas descrevam também uma trajetória circular de raio *r*, dado pela Equação 2.2. Por meio desse novo procedimento, Thomson obteve valores de $\frac{q}{m}$ para íons que eram conhecidos como *medidas de eletrólise*. Além disso, também percebeu que os valores de $\frac{q}{m}$ para os raios catódicos – que ele denotou por corpúsculos e que, mais tarde, seriam chamados de *elétrons* – eram cerca de 2 000 vezes maiores que o $\frac{q}{m}$ correspondente ao íon mais leve conhecido, o hidrogênio. Essa foi, sem dúvidas, uma das maiores descobertas de toda a física.

Fundamentadas nas medições realizadas por Faraday, existiam evidências para uma quantidade mínima de carga elétrica definida. A quantidade de carga correspondente a 1 Faraday, ou seja, um valor de ~96 500 C, é usada para decompor 1 mol de íons monovalentes e o dobro dessa quantidade para o caso de íons bivalentes. Tendo em vista que $F = N_A e$ e as estimativas estabelecidas para o número de Avogrado, Faraday conseguiu estimar que:

Equação 2.5

$$e = 10^{-15} \, C$$

Esse valor é a chamada **carga elementar do elétron**.

Com esse resultado, Thomson buscou determinar também o valor da carga elementar. Esses passos foram realizados em conjunto com seu aluno J. S. Townsend. O procedimento era o seguinte: fazia-se o gás ionizado produzido por eletrólise borbulhar por meio da água; assim, era produzida uma nuvem de vapor d'agua, com cada gotícula contendo um ou mais íons. Com as gotículas da nuvem, media-se sua carga total com um eletrômetro, bem como sua massa (Ribas, 2014).

Mediante a determinação do número de gotas como a razão entre a massa total e a massa de uma gota, o raio médio das gotas era estimado medindo-se a velocidade de queda livre das gotas. Com a suposição de que cada gotícula continha um íon, a carga elétrica de cada um deles podia ser determinada. Townsend estimou que e = 10^{-19} C. Esse resultado trouxe, de certa forma, algumas incertezas com relação ao raio das gotas, visto que as gotículas evaporavam rapidamente e seu raio variava com o tempo, bem como o número de íons contidos em cada gota (Ribas, 2014).

No ano de 1910, um método muito mais preciso para a medida da carga de uma única gota foi desenvolvido por Millikan e Fletcher, que ficou mundialmente conhecido como **experimento de Millikan**. Nesse método, são utilizadas gotículas de óleo no lugar de água, uma vez que o óleo não perde muita massa por evaporação. No método de Millikan, a carga de cada gota é determinada. No entanto, cada gota contém um número variado de cargas elementares. Com a medida de muitas gotas, foi possível determinar com precisão o valor da carga elementar $e = 1,59 \times 10^{-19}$ C (Ribas, 2014).

A figura a seguir indica um aparato feito por Millikan para a determinação do valor da carga. Nesse experimento, gotículas de óleo são produzidas com um micropulverizador, também chamado de *atomizador*, semelhante ao aparelho que foi usado até 15 ou 20 anos atrás para vaporização de remédio para asma; assim, as gotículas são introduzidas, por meio de pequenos orifícios, no espaço entre duas placas de um capacitor (Ribas, 2014).

Com uma iluminação forte e um microscópio de pequena ampliação (três a dez vezes), pode-se observar o movimento das gotículas ao se aplicar uma diferença de potencial entre as placas. Além da força elétrica $F = qE$ e da gravitacional $F_g = mg$, deve-se considerar ainda uma força resistiva, em virtude da viscosidade do ar (deve-se considerar, ainda, uma pequena correção em virtude do empuxo). A força viscosa é proporcional à velocidade da gota e é dada pela lei de Stokes:

Equação 2.6

$$F_v = 6\pi\eta a v$$

Nessa equação, η é o coeficiente de viscosidade do ar, α é o raio da gota e v sua velocidade. Nesse caso, uma gota com a força elétrica para baixo, paralela à da gravidade, faz com que a gotícula seja acelerada para baixo, aumentando sua velocidade e, com isso, também a força resistiva, até que esta se iguale à soma das outras, fazendo com que a gota atinja uma velocidade constante. Assim como a força de resistência do ar, essa velocidade é conhecida como **velocidade terminal**.

Figura 2.2 – Aparato do experimento de Millikan

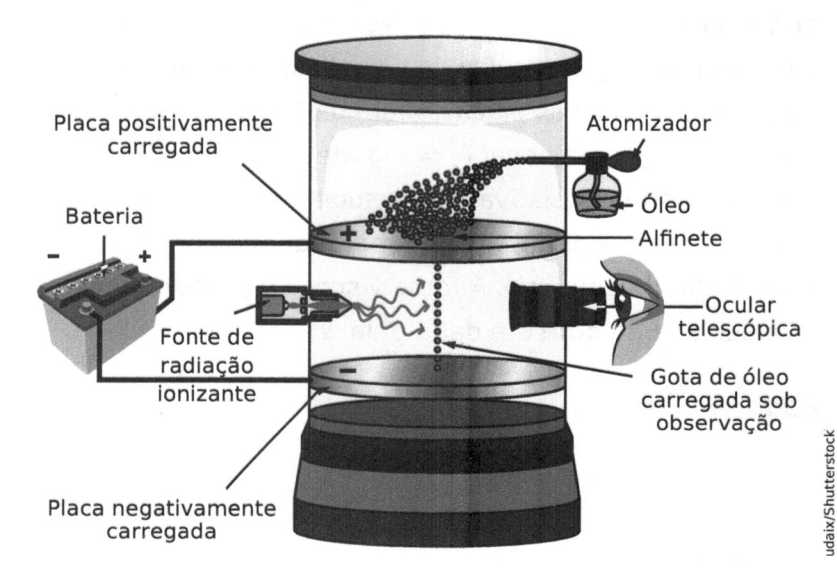

Placa positivamente carregada
Bateria
Fonte de radiação ionizante
Placa negativamente carregada
Atomizador
Óleo
Alfinete
Ocular telescópica
Gota de óleo carregada sob observação

udaix/Shutterstock

De acordo com Ribas (2014), uma vez que o tempo gasto na parte acelerada do movimento é muito curto, de aproximadamente 10^{-6}s, a gota será vista em movimento uniforme. Quando invertemos o campo elétrico e o escolhemos de maneira tal que a força elétrica seja maior que força gravitacional, ou seja, $qE > mg$, podemos concluir que a gota passa a fazer um movimento de subida. Se desprezamos o empuxo, as equações de equilíbrio para o movimento de descida e de subida de forças são, respectivamente:

Equação 2.7

$$mg + qE = 6\pi\eta a v_d$$

Equação 2.8

$$qE = mg + 6\pi\eta a v_s$$

Se somarmos as Equações 2.7 e 2.8, poderemos encontrar uma expressão para a carga. Podemos obter o campo elétrico, em termos de potencial e de distância, entre as placas do capacitor, além da massa em termos de densidade, considerando-se a simetria esférica da gota de óleo. Assim, ficamos com:

Equação 2.9

$$q = 3\pi\eta a \frac{d}{V}(v_d + v_s)$$

O raio também pode ser expresso em termos de densidade e de velocidade (de subida e descida) da seguinte forma:

Equação 2.10

$$a = \sqrt{\frac{9\eta(v_d - v_s)}{4\rho g}}$$

Por sua vez, o raio da gota também pode ser determinado medindo-se a velocidade terminal na queda livre, ou seja, sem nenhum campo elétrico. Assim, a força gravitacional é equilibrada pela força viscosa, tornando-se:

Equação 2.11

$$mg = \frac{4}{3}\pi a^3 \rho_o g = 6\pi\eta a v_q$$

Assim, teremos como resultado:

Equação 2.12

$$a = \sqrt{\frac{9\eta v_q}{2\rho_o g}}$$

Quando esse experimento é realizado em um laboratório didático qualquer, essa expressão é utilizada para realizar a primeira estimativa do tamanho das gotas, de modo a selecionar gotas de tamanhos adequados para as medidas. Millikan estudou ainda com cuidado a lei de Stokes, o que permitiu verificar que a viscosidade do ar, determinada para o caso de objetos macroscópicos, deveria sofrer uma pequena correção em razão do pequeno tamanho das gotas nas medidas feitas no laboratório – as gotas têm raio de cerca de 10^{-5} m.

Podemos considerar que essas gotas têm tamanho comparável com o livre caminho médio das moléculas de ar e, portanto, o ar não se comporta como um fluido contínuo, como é o caso para esferas de raios muito maiores. A lei de Stokes correta é obtida quando se calcula a viscosidade do ar para gotas pequenas de acordo com a seguinte expressão:

Equação 2.13

$$\eta = \eta_0 \left(1 + \frac{b}{pa}\right)^{-1}$$

Aqui, η_0 é a viscosidade do ar para objetos de dimensões macroscópicas, *p* é a pressão atmosférica e a constante $b = 6,67 \times 10^{-4}$ cm·Hg cm é o raio da gota.

Na figura a seguir, é possível observar a distribuição de valores para cerca de 300 gotas medidas em um laboratório qualquer. Pelos resultados, podemos ver claramente a quantização da carga e a análise para o centroide dos três primeiros picos. Esse resultado permite a determinação da carga elementar com incerteza menor que 1%.

Figura 2.3 – Resultado do experimento de Millikan em um laboratório de ensino

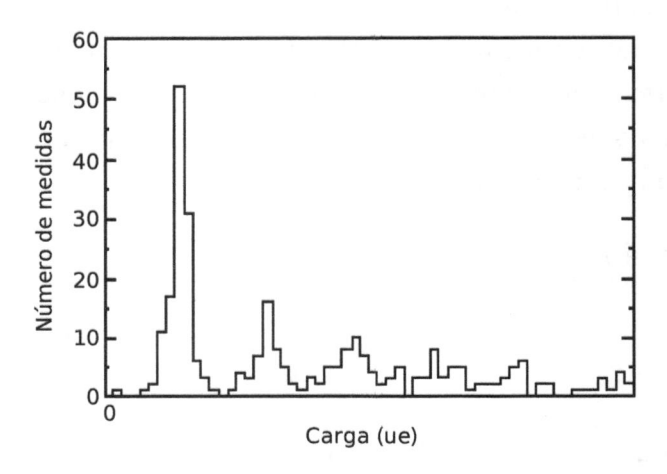

[Gráfico: Número de medidas vs Carga (ue)]

Fonte: Ribas, 2014, p. 12.

Como demonstramos, a primeira quantidade conservada que se tem conhecimento é a carga elétrica. Essa grandeza foi descoberta no experimento de Millikan.

2.2 A radiação do corpo negro e a hipótese de Planck

Até o final do século XIX, mesmo com o advento da teoria eletromagnética de Maxwell, alguns pesquisadores viviam certo desconforto. A radiação térmica (mais precisamente o espectro das frequências da radiação térmica) emitida por certos corpos estava em desacordo com a experimentação e o aparato teórico que buscava explicá-la. Quando certos corpos são aquecidos a uma temperatura T, a radiação emitida é dada pela radiança espectral R(λ), em que λ é o comprimento de onda.

Consideremos um corpo ideal, aquele que absorve toda a radiação que incide sobre ele e emite radiação apenas em uma frequência específica – chamamos esse corpo ideal de **corpo negro**. No ano de 1878, Joseph Stefan, por meio de seus estudos, descobriu uma relação empírica para a potência irradiada por um corpo negro e sua temperatura, dada pela relação:

Equação 2.14

$$R = \sigma T^4$$

Nessa equação, R é a potência por unidade de área, T é a temperatura do corpo negro e σ é um constante cujo valor é de $\sigma = 5,6704 \times 10^{-8}$ W/m²K⁴, conhecida como **constante de Stefan**. A Equação 2.7 é comumente conhecida como lei de Stefan-Boltzmann, pelo fato de que Ludwig Boltzmann obteve o mesmo resultado para a potência por unidade de área utilizando as leis da termodinâmica. A figura a seguir apresenta uma idealização do corpo negro.

Figura 2.4 – Idealização para um corpo negro

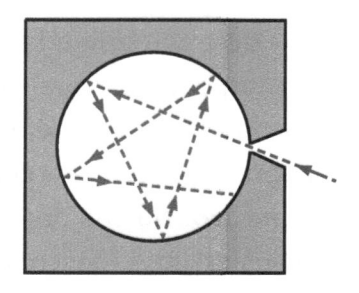

Fonte: Tipler; Llewellyn, 2017, p. 79.

Na Figura 2.4, vemos uma idealização do corpo negro. Trata-se de um corpo oco com uma pequena abertura por onde pode entrar radiação. A figura demonstra que a probabilidade de a radiação sair pela abertura é muito pequena e pode ser desprezada, do que concluímos que o corpo negro absorve toda a radiação incidente.

Perceba que, na Equação 2.7, a potência é uma função exclusiva da temperatura e não de outra propriedade do corpo, ou seja, não depende da cor ou de que tipo de material é feito o corpo, por exemplo. Por meio de observações, foi possível demonstrar que, da mesma forma que a potência irradiada é uma função exclusiva da temperatura, a distribuição espectral ou radiança espectral também é.

Considere a figura a seguir, que apresenta um dispositivo que pode ser usado experimentalmente para determinar a radiança espectral. A radiação emitida por um corpo a uma temperatura T, ao passar pela fenda, é dispersada de acordo com o comprimento de onda. Na Figura 2.5, há um prisma que tem como objetivo mostrar a parte visível do espectro da radiação para outros espectros – serão necessários outros dispositivos para que se tenha sua visualização.

Figura 2.5 – Determinação da distribuição espectral

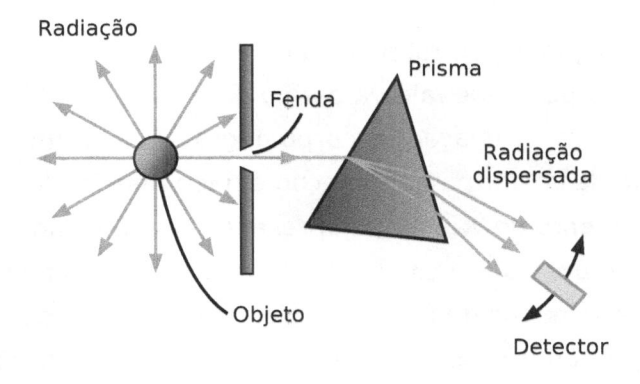

Fonte: Tipler; Llewellyn, 2017, p. 78.

Se considerarmos que $R(\lambda)d\lambda$ sendo a potência emitida por unidade de área cujo comprimento de onda varia entre λ e $\lambda + d\lambda$, podemos ter uma relação entre $R(\lambda)$ e o comprimento de onda λ. Um fato curioso dessa relação é que o comprimento de onda para o qual a radiação é máxima é uma função inversamente proporcional à temperatura. Esse resultado ficou conhecido como *lei do deslocamento de Wien*:

Equação 2.15

$$\lambda_m \propto \frac{1}{T}$$

Outra possibilidade é a relação $\lambda_m T$ = constante = $2{,}898 \times 10^{-3}$ m · K.

Exercício resolvido

A distribuição espectral pode ser considerada, sem dúvidas, a peça que faltava para a determinação de uma lei para a radiação do corpo negro. O comprimento de onda dessa forma de radiação é dado pela lei do deslocamento de Wien, que apresenta uma relação entre temperatura e comprimento de onda, que podem ser determinados de forma simples, dependendo da aplicação. Considere a seguinte situação: uma radiação é emitida com comprimento de onda $\lambda_m = 7 \times 10^{-8}$ m. Usando a lei do deslocamento de Wien, a temperatura da radiação é de:

a) $4{,}14 \times 10^4$ K.
b) $6{,}14 \times 10^2$ K.
c) $8{,}14 \times 10^4$ K.
d) $9{,}14 \times 10^4$ K.

Gabarito: a

***Feedback* do exercício**: Para resolver esse problema, devemos substituir os dados na Equação 2.15.

Até então, a teoria que tentava explicar a emissão de radiação para o corpo negro estava baseada nos trabalhos de Lord Rayleigh, conhecidos como **lei de Rayleigh-Jeans**. A radiança espectral é definida como:

Equação 2.16

$$R(\lambda) = \frac{1}{4} c u(\lambda)$$

Nessa equação, *c* é a velocidade da luz e $u(\lambda)$ é uma função definida como a densidade de energia espectral emitida de forma contínua.

Segundo a teoria de Boltzmann, a densidade de energia espectral é dada em função da temperatura T do corpo, da constante de Boltzmann *k* e, é claro, do comprimento de onda λ, expresso de acordo com a seguinte relação:

Equação 2.17

$$u(\lambda) = 8k\pi T \lambda^{-4}$$

Essa equação está de acordo com os resultados experimentais para grandes comprimentos de onda; porém, para pequenos comprimentos de onda, ela apresenta um resultado completamente divergente. No gráfico a seguir, há um quadro comparativo de resultados da experimentação com as previsões da teoria vigente na época para o problema da radiação do corpo negro.

Gráfico 2.1 – Comparação entre a teoria e os resultados experimentais para o problema da radiação do corpo negro

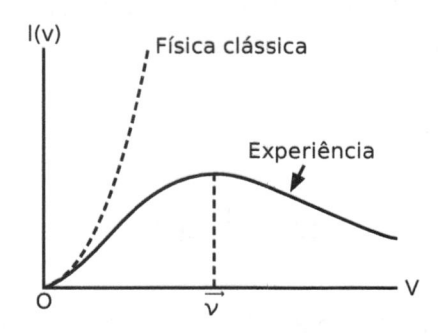

[Gráfico mostrando I(v) versus v, com curva tracejada "Física clássica" crescendo ao infinito e curva sólida "Experiência" com pico em $\bar{v}$]

Fonte: Nussenzveig, 2014, p. 247.

A Equação 2.10 revela que a densidade de energia vai para o infinito quando temos pequenos comprimentos de onda, ou seja, $u(\lambda) \to \infty$ quando $\lambda \to 0$, ao passo que, experimentalmente, a densidade de energia tende a zero quando o comprimento tende a zero. Isso realmente traz um grande desconforto para qualquer físico. Esse fato ficou conhecido como **catástrofe do ultravioleta**.

No entanto, esse problema foi resolvido. Em 1900, o alemão Max Planck propôs uma hipótese que não apenas resolveu o problema da radiação do corpo negro, como revolucionou toda a física atômica. Ele propôs que, diferentemente da teoria clássica de Rayleigh, a densidade de energia espectral para o corpo negro é definida por:

Equação 2.18

$$u(\lambda) = \frac{8\pi hc\lambda^{-5}}{e^{\frac{hc}{\lambda kT}} - 1}$$

Para chegar a esse resultado, Planck partiu das ideias da física clássica. Ele sabia que as ondas eletromagnéticas no interior da cavidade do corpo negro são produzidas por cargas elétricas que se encontram nas paredes, as quais, por sua vez, vibram como osciladores harmônicos simples. A energia média de um oscilador harmônico simples unidimensional pode ser determinada com base na função distribuição de energia, que, por sua vez, pode ser obtida pela distribuição clássica de Maxwell-Boltzmann, cujo perfil é dado pela relação:

Equação 2.19

$$f(E) = Ae^{-E/kT}$$

Nessa equação, A é uma constante e f(E) é a fração dos osciladores com energia que se encontram entre E e E + dE. Sabe-se que a energia média $\bar{E}$, como qualquer outra média, é dada por:

Equação 2.20

$$\bar{E} = \int_0^\infty E f(E) dE$$

Uma vez calculada a integral, obtemos $\bar{E} = kT$, que é, na verdade, o caso clássico obtido por Rayleigh.

Max Planck percebeu que poderia obter um resultado empírico que havia usado para determinar a energia média $\bar{E}$ supondo que a energia das cargas oscilantes – e, nesse caso, da radiação que era emitida – só poderia ser uma variável discreta, ou seja, que assumiria valores determinados, como $0, \varepsilon, 2\varepsilon, ..., n\varepsilon$. Além do mais, era necessário considerar que E fosse proporcional à frequência dos osciladores e, sendo assim, proporcional à frequência de radiação. Nesse caso, ele propôs que a energia seria:

Equação 2.21

$$E = n\varepsilon \rightarrow E = nh\nu$$

Assim, a distribuição de Maxwell-Boltzmann pode ser reescrita como:

Equação 2.22

$$f_n = Ae^{-E_n/kT} \rightarrow f_n = Ae^{-n\varepsilon/kT}$$

Nessa equação, a constante será determinada pela condição de normalização que considera que a soma de todas as frações da função de distribuição deve ser igual à unidade. Dessa maneira:

Equação 2.23

$$\sum_{n=0}^{\infty} f_n = A \sum_{n=0}^{\infty} e^{-n\varepsilon/kT} = 1$$

Assim, a energia média por oscilador será expressa em termos de um somatório que traga todos os valores das E_n energias. Logo:

Equação 2.24

$$\bar{E} = \sum_{n=0}^{\infty} E_n f_n = \sum_{n=0}^{\infty} E_n A e^{-n\varepsilon/kT}$$

Quando se calcula os somatórios nas Equações 2.23 e 2.24 e ainda se multiplica o resultado pelo número de osciladores por unidade de volume no intervalo infinitesimal de comprimento de onda λ e $\lambda + d\lambda$, obtém-se exatamente a Equação 2.18. Essa equação é conhecida como **lei de Planck para a radiação do corpo negro**. Vale destacar que ela foi determinada empiricamente.

Na Equação 2.18 e em outras equações anteriormente expostas, a nova constante *h*, conhecida como *constante de Planck*, apresenta o seguinte valor:

$$h \cong 4{,}136 \times 10^{-15}\,eV \cdot s \cong 6{,}6261 \times 10^{-34}\,J \cdot s$$

Já a chamada *constante de Planck normalizada*, por definição, assume a seguinte forma:

$$\hbar = \frac{h}{2\pi} \cong 1{,}0546 \times 10^{-34}\,J \cdot s \cong 6{,}582 \times 10^{-16}\,eV \cdot s$$

Percebemos que essas constantes podem ser dadas em unidade de energia em Joules e em eletrovolts.

Com essa expressão, Planck resolveu o problema da radiação do corpo negro. O gráfico a seguir apresenta a densidade de energia pelo comprimento de onda e, ainda, um comparativo para as duas teorias, a de Rayleigh-Jeans e a lei de Planck.

Gráfico 2.2 – Comparação entre as leis de Planck e de Rayleigh-Jeans

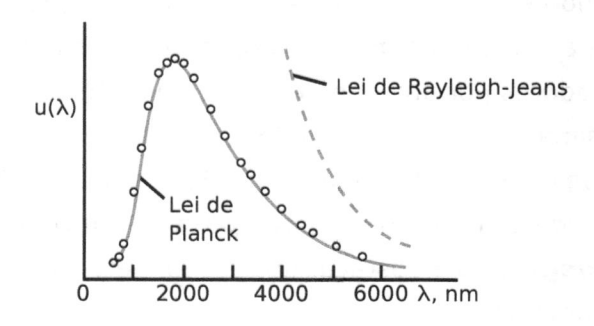

Fonte: Tipler; Llewellyn, 2017, p. 80.

No Gráfico 2.2, observamos as curvas para densidade de energia espectral pelo comprimento de onda. A curva com os círculos indica essa relação para a revolucionária lei de Planck, ao passo que a linha tracejada aponta o caso clássico descrito pela lei de Rayleigh-Jeans, mostrando a famosa catástrofe do ultravioleta.

? O que é?

A palavra *quântica* vem de *quantum*, mas o que realmente significa isso do ponto de vista físico? Para a radiação, o *quantum* representa a menor estrutura de sua composição. Se tomássemos o exemplo de uma moeda qualquer, o *quantum* equivaleria ao centavo.

A grande revolução que a hipótese de Planck trouxe foi considerar que, ao invés de a densidade de energia ser emitida de forma contínua, como acontecia no caso clássico de Rayleigh-Jeans, ela era emitida na forma de pacotes de onda. Esses pacotes foram chamados de *quantum de energia*, ou seja, a energia era quantizada. O *quantum* da luz é o fóton. Essa interpretação deu início ao surgimento da **mecânica quântica**.

Em resumo, para obter os resultados com a experiência, Planck postulou que a troca de energia seria quantizada e que cada oscilador com frequência v só poderia absorver ou emitir energia em múltiplos inteiros de um *quantum* de energia, ou seja:

Equação 2.25

$$E = \hbar\omega$$

É importante destacar que Planck confessou depois de sua hipótese que só foi levado a formular esse postulado por um ato de desespero, afirmando que era uma hipótese puramente formal e que não deu muita atenção, adotando-a apenas pelo fato de que era preciso, de alguma forma, encontrar uma justificativa teórica (Ribas, 2014).

Em termo práticos, podemos considerar um exemplo de aplicação da lei de Planck o estudo da cosmologia, em especial o estudo da radiação de micro-ondas provenientes do espaço. Os modelos cosmológicos atuais preveem que o Universo surgiu de uma singularidade, ou seja, um ponto em que toda matéria conhecida estava concentrada – em outras palavras, surgiu de uma grande explosão, o Big Bang. Um dos efeitos dessa previsão é que podemos considerar o Universo preenchido com uma forma de radiação que pode ser definida como um corpo negro ideal.

Nesse caso, podemos considerar que a temperatura no Universo primordial era extremamente elevada, mas que, com o passar do tempo, foi diminuindo. Assim, deveria existir no Universo uma radiação de fundo com uma distribuição espectral que fosse compatível com sua temperatura atual, considerando um corpo negro com a temperatura atual.

Para saber mais

Uma maneira de observar a radiação do corpo negro é por meio de simulação computacional. Além disso, outros fenômenos relacionados à física quântica e aos demais temas também podem serem observados. Recomendamos assistir ao vídeo indicado a seguir.

ESPECTRO de Corpo Negro. PhET Interactive Simulations.
    University of Colorado Boulder. Disponível em: <https://phet.colorado.edu/pt_BR/simulation/blackbody-spectrum>. Acesso em: 9 jun. 2021.

Foi no ano de 1965 que Arno Penzias e Robert Wilson detectaram uma radiação de fundo que chegava na Terra com cera de 7 cm de comprimento de onda, ou seja, uma radiação de micro-ondas que tinha a mesma intensidade em todas as direções do Universo, conjecturando-se, assim, que a radiação pode ser um resíduo do Big Bang. Para isso, foram medidos outros comprimentos de onda a fim de levantar a curva experimental da densidade de energia $u(\lambda)$. Os dados recentes dessa determinação mostram que são compatíveis com a radiação emitida por um corpo negro com uma temperatura próxima à temperatura atual do Universo. Essa incrível concordância dos dados experimentais com a lei de Planck nos leva a concluir que o Universo se originou de uma grande explosão. Vejamos o gráfico a seguir.

Gráfico 2.3 – Variação da densidade de energia pela frequência para a radiação cósmica de fundo

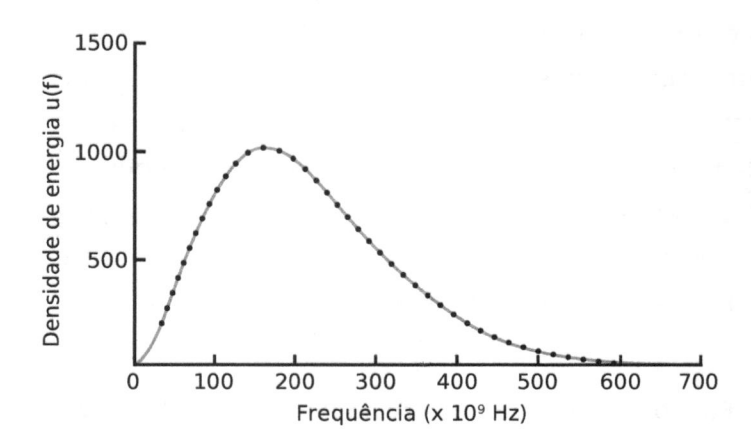

[Gráfico: Densidade de energia u(f) vs Frequência (× 10⁹ Hz), com pico próximo a 150–200 × 10⁹ Hz]

Fonte: Tipler; Llewellyn, 2017, p. 82.

No Gráfico 2.3, que apresenta a variação com a frequência da densidade de energia da radiação cósmica de fundo, vemos a lei de Planck para uma temperatura de T = 2,725 K.

Podemos verificar a hipótese de Planck em outro sistema, considerado a determinação do calor específico de sólidos. É visto classicamente que, considerando-se os átomos de um mol de um sólido com um conjunto de $3N_A$ osciladores harmônicos, a capacidade calorífica de volume constante será $C_v = \dfrac{dv}{dt} = 3R$. Sabe-se, experimentalmente, que esse é o valor obtido para altos valores de T, mas C_v tende a zero quando a temperatura absoluta tende a zero (Ribas, 2014). Einstein, em 1908, usou o resultado de Planck para a energia média de um conjunto de osciladores, considerando os átomos do sólido como um conjunto de $3N_A$ osciladores de frequência, sendo, portanto, a energia média por mol dada por:

Equação 2.26

$$U = 3N_A E \rightarrow U = \frac{3N_A h\nu}{e^{h\nu/kT} - 1}$$

Nessa equação, podemos obter o calor específico a volume constante.

Equação 2.27

$$C_v = \frac{dU}{dt} \rightarrow C_v = \frac{3R\left(\frac{h\nu}{kT}\right)^2 e^{h\nu/kT}}{\left(e^{h\nu/kT} - 1\right)^2}$$

Nesse caso, tomamos o limite de altas temperaturas, ou seja, $e^{h\nu/kT} \rightarrow 1$. Fazendo uma expansão no denominador da Equação 2.27 e considerando esse limite, obtemos:

Equação 2.28

$$\left(e^{h\nu/kT} - 1\right)^2 = \left(1 + \frac{h\nu}{kT} + \frac{1}{2}\left(\frac{h\nu}{kT}\right)^2 + \cdots - 1\right)$$

Simplificando, obtemos o seguinte:

Equação 2.29

$$\left(e^{h\nu/kT} - 1\right)^2 = \left(\frac{h\nu}{kT}\right)\left(1 + \frac{1}{2}\frac{h\nu}{kT}\right)$$

Portanto, concluímos que C_v = 3R, como prevê a teoria clássica.

De forma análoga, é fácil verificar que o resultado tende a zero para T. Para cada sólido, deve ser encontrado o valor da frequência dos osciladores que dependem da força de mola da ligação entre os átomos em cada caso. Esse valor pode ser definido em termos da chamada **temperatura de Einstein**.

Equação 2.30

$$T_E = \frac{h\nu}{k}$$

No Gráfico 2.4, podemos ver o resultado previsto pela Equação 2.30 comparado com dados experimentais.

Gráfico 2.4 – Calor específico dos sólidos segundo a teoria de Einstein

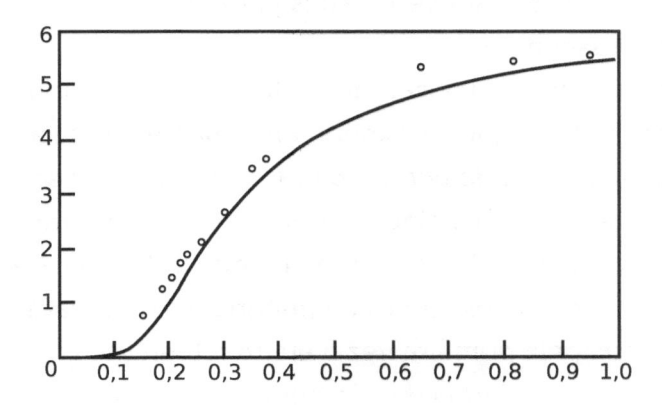

[Gráfico: eixo y de 0 a 6, eixo x de 0 a 1,0 em intervalos de 0,1; curva sigmoide com pontos experimentais]

Fonte: Ribas, 2014, p. 46.

Embora qualitativamente correto, existem ainda pequenas diferenças com relação aos resultados experimentais. Somente em 1912, P. Debye, considerando as moléculas vibrando – não em uma mesma frequência, mas como um sistema de osciladores acoplados de diferentes frequências –, conseguiu obter o resultado correto para esse problema.

2.3 Efeito fotoelétrico

Antes de investigarmos a justificativa de Einstein para o efeito fotoelétrico, faz-se necessário mencionar que curiosamente, em 1887, Heinrich Hertz demonstrou a validade da teoria de Maxwell para o eletromagnetismo.

Ele produziu uma descarga oscilante que fazia com que saltasse uma faísca entre dois eletrodos que geravam ondas, as quais eram detectadas por meio de uma antena ressonante.

Hertz conseguiu observar um fato bastante curioso durante a realização do experimento: percebeu que a chamada *faísca de detecção* era muito difícil de ser detectada quando os eletrodos da antena receptora não estavam expostos à luz. Sem nenhuma pretensão, do ponto de vista da estrutura da matéria, Hertz estava mostrando pela primeira vez o efeito fotoelétrico. Portanto, essa foi uma das primeiras evidências experimentais da quantização em paralelo com a quantização carga.

> Em uma série de experimentos para estudar os efeitos da ressonância entre as oscilações elétricas muito rápidas, que executei e publiquei recentemente, duas centelhas elétricas eram produzidas pela mesma descarga de uma bobina de indução e portanto ocorriam simultaneamente. Uma destas centelhas, a centelha *A*, era a centelha de descarga da bobina de indução e servia para excitar a oscilação primária. A segunda, centelha *B*, estava associada à oscilação induzida ou secundária. Ocasionalmente coloquei o centelhador *B* no interior de uma caixa escura para poder observar melhor as centelhas; ao fazer isso, observei que as centelhas eram visivelmente menores quando o centelhador *B* estava dentro da caixa. (Tipler; Llewellyn, 2017, p. 82)

A figura a seguir mostra como seria a estrutura do experimento utilizado para a detecção das ondas e das "faíscas", ou centelhas.

Figura 2.6 – Experimento utilizado para a verificação do efeito fotoelétrico

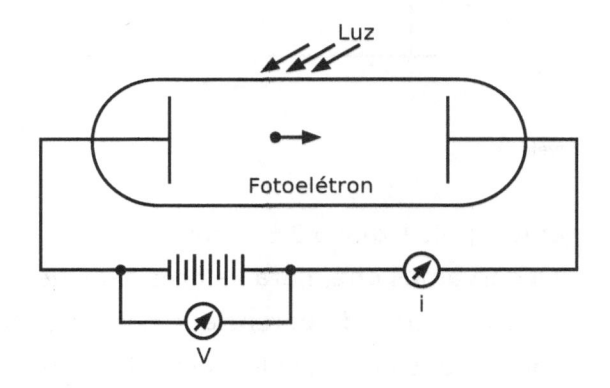

Fonte: Nussenzveig, 2014, p. 250.

O experimento mostra os eletrodos dentro de um material tipo quartzo, por exemplo. Assim, estabelece-se uma diferença de potencial V quando este é iluminado com uma luz de frequência ν e intensidade I_0. Dessa maneira, é medida a corrente elétrica *i*, que é criada nesse processo. Podemos verificar os resultados deste experimento plotando o gráfico da variação da corrente *i* pela frequência.

Gráfico 2.5 – Corrente pela frequência para o efeito fotoelétrico

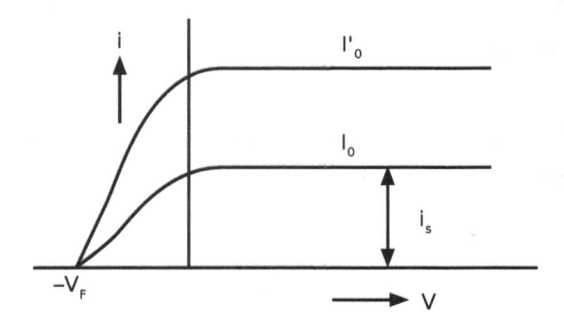

Fonte: Nussenzveig, 2014, p. 250.

Percebemos, pelo Gráfico 2.5, um importante resultado. Observamos que, para valores fixos de I_0 e ν, e quando a diferença de potencial é positiva, todos os fotoelétrons arrancados pela luz são coletados pelo ânodo. Quando invertemos a polaridade com o objetivo de frear os elétrons desacelerados, percebemos que a corrente contínua passa pelo mesmo sentido. No entanto, é possível observar que ela diminui na medida em que a diferença de potencial aumenta. Também é possível observar que ele se anula para um valor de potencial V = VF, que é conhecido como **potencial de freamento**.

Quando aumentamos a intensidade da luz para I'_0, observamos que a forma da curva permanece inalterada e que somente a intensidade da corrente aumenta. Isso significa que o número de fotoelétrons aumenta na medida em que aumenta a intensidade da luz. Um fato interessante ocorre quando variamos a frequência ν, pois percebemos que o aspecto da curva permanece o mesmo; porém, o potencial de freamento muda na medida em que a frequência ν aumenta. Podemos ver isso no gráfico a seguir.

Gráfico 2.6 – Variação da corrente em função da frequência

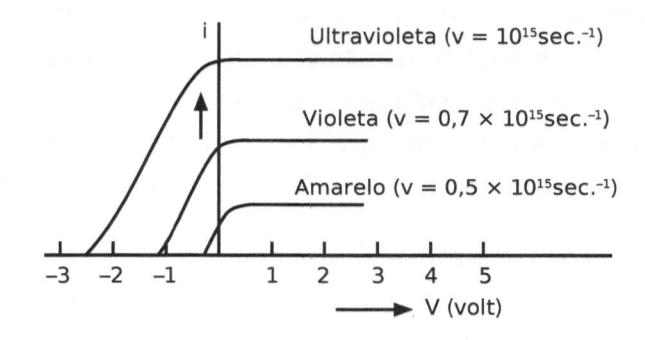

Ultravioleta ($v = 10^{15}sec.^{-1}$)

Violeta ($v = 0,7 \times 10^{15}sec.^{-1}$)

Amarelo ($v = 0,5 \times 10^{15}sec.^{-1}$)

V (volt)

Fonte: Nussenzveig, 2014, p. 250.

No Gráfico 2.6, vemos alguns valores para a frequência de alguns espectros de luz. Podemos interpretar esses resultados com a seguinte afirmativa: a fotocorrente pela luz deve produzir uma energia necessária para elétrons da vizinhança da superfície do material, uma vez que os elétrons são extraídos a uma carga positiva que tende a "puxá-lo" de volta. Nesse caso, é preciso fornecer uma energia suficientemente grande para vencer essa força.

Para que haja a liberação de elétrons, o potencial de freamento deve ser uma grandeza proporcional à energia cinética média do elétron: $T_e = \frac{1}{2}mv^2$. Assim:

Equação 2.31

$$\frac{1}{2}mv^2 = eV_F$$

Se aplicarmos o princípio da conservação de energia, essa energia cinética máxima será igual à diferença da energia cinética fornecida pela luz menos o trabalho necessário para extrair o elétron da superfície. Em outras palavras, obteremos:

Equação 2.32

$$\frac{1}{2}mv^2 = eV_F = E - W$$

Devemos lembrar que W deve ser uma função exclusiva de cada material, que denominamos de **função trabalho**.

A partir da revolucionária proposta de Planck para a radiação do corpo negro, que trouxe à tona os primórdios da mecânica quântica com os chamados *quantum de energia*, sua hipótese ganhou força.
O pensamento audacioso de Einstein a respeito desse fenômeno está fundamentado no fato de ele considerar que a radiação eletromagnética consiste, na verdade, nos *quanta* de energia com frequência ν.

Equação 2.33

$$E = h\nu$$

Ou seja, para Einstein, um *quantum* de luz transfere toda sua energia para um único elétron. Nesse caso, a Equação 2.13 pode ser reescrita como:

Equação 2.34

$$\frac{1}{2}mv^2 = eV_F = h\nu - W$$

Essa equação é chamada *equação do efeito fotoelétrico de Einstein*. Ela permite perceber, de forma direta, o aumento de V_F com a frequência ν.

Exercício resolvido

Podemos considerar que a energia de um fóton, descrita pela Equação 2.33, na verdade, dá início a uma nova fase de interpretação para a física no mundo microscópico. Podemos considerar o fóton com o *quanta* da luz, ou seja, seu menor constituinte. Com uma simples aplicação podemos determinar a frequência de vibração de um fóton. Considere um fóton de energia $E = 2,5 \times 10^{-30}$ J. Nesse caso, a frequência de vibração do fóton é:

a) 2,657 MHz
b) 3,256 MHz.
c) 3,773 MHz.
d) 4,243 MHz.

Gabarito: c

***Feedback* do exercício**: A solução desse problema se dá quando fazemos a substituição direta dos dados na Equação 2.33. Assim, ficamos com:

$$E = h\nu \rightarrow 2,5 \times 10^{-30} = 6,625 \times 10^{-34} \nu$$

Logo, obtemos o seguinte:

$$\nu = \frac{2,5}{6,625 \times 10^{-4}} \rightarrow \nu = 3,773 \text{ MHz}$$

De maneira geral, a intensidade da luz é proporcional à energia total que transporta também o número de fótons. Esse fato justifica o porquê de a fotocorrente ser diretamente proporcional à intensidade da luz.

Perguntas e respostas

Albert Einstein ficou consagrado pelas grandes contribuições que deu à física de uma maneira geral, desde a mecânica estatística até o movimento browniano (tema de sua tese de doutorado). Você sabe qual foi o trabalho que rendeu a Einstein o prêmio Nobel de Física de 1921?

É comum pensarmos que Einstein foi laureado por conta da teoria da relatividade (restrita e geral). Contudo, o que deu a ele o Prêmio Nobel foi seu trabalho sobre o efeito fotoelétrico, na área de física quântica.

2.4 Os raios X e o trabalho de Compton

Continuando com as propriedades corpusculares da matéria/radiação, faz-se necessária uma explanação acerca das propriedades dos raios X. Trata-se de uma grande descoberta para a ciência que, de maneira geral, trouxe grandes benefícios para a sociedade, principalmente com sua fantástica aplicação na medicina.

Em 1895, o alemão Wilhelm C. Röntgen descobriu os raios X enquanto trabalhava com tubos de raios catódicos, o que lhe rendeu o Prêmio Nobel de 1900 – curiosamente, o mesmo ano em que Max Planck propôs sua hipótese para os *quanta* de energia e resolveu o problema da radiação do corpo negro. O nome *raio X* provém de uma propriedade observada por Röntgen: esses raios não são afetados pela presença de um campo magnético. Embora não tenha observado os fenômenos de interferência de difração, *a priori* ele denominou sua descoberta de *enigmáticos raios X*.

Röntgen observou que esses raios eram capazes de atravessar objetos opacos e excitar uma tela fluorescente ou um filme fotográfico, quando estes saíam em um tubo de raios catódicos.

Ao investigar esse fenômeno, Röntgen concluiu que, de forma geral, todos os materiais, em maior ou menor grau, eram transparentes a esses raios. Além disso, essa transparência era proporcional à densidade do material. A teoria eletromagnética prevê que a carga elétrica cria ondas eletromagnéticas todas as vezes em que são aceleradas ou freadas. Nesse sentido, era natural pensar que os raios X fossem produzidos pelos elétrons ao se chocarem com átomos em um alvo.

O comprimento de onda dos raios X é da ordem de 10^{-10} m, ou seja, é da ordem do Angstron. Essa conclusão foi obtida observando-se o feixe de raio X passando por uma fenda, pois, embora parecesse estranho o fenômeno de difração, este foi observado. A observação da difração de raios X aconteceu em 1912, com o trabalho de W.L. Bragg. Com um método simples, ele foi capaz de identificar esse fenômeno em cristais.

A difração ocorre por meio de planos paralelos dos átomos, os quais são conhecidos como *planos de Bragg*. A Figura 2.7 apresenta duas situações: na primeira, o feixe de raios X incide em um cristal; na segunda, há a difração para os raios X.

Figura 2.7 – Difração para os raios X

(a)

Raios X

Cristal

Chapa fotográfica com pontos de Laue

(b)

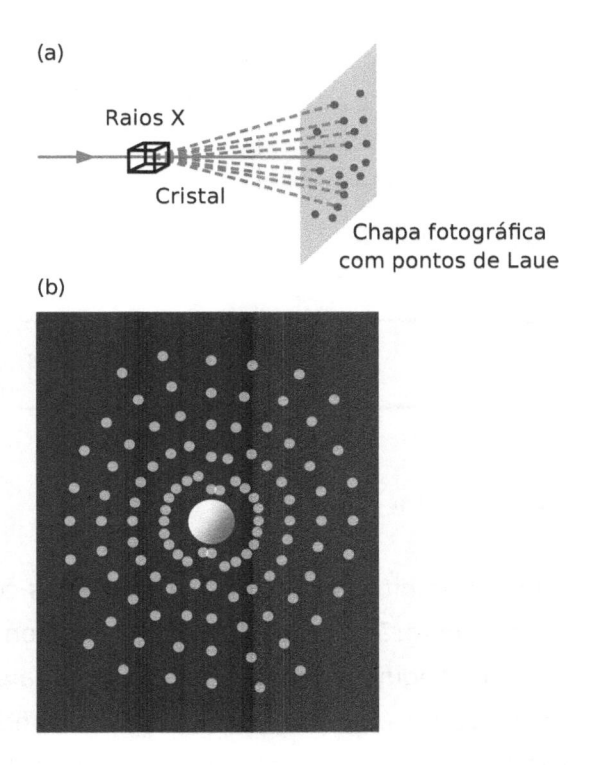

Fonte: Tipler; Llewellyn, 2017, p. 87.

Em termos quantitativos, podemos compreender melhor esse fenômeno considerando a figura a seguir, que apresenta duas ondas difratadas por dois átomos sucessivos. Elas estão em fase e, consequentemente, sofrem interferência construtiva. É válido destacar que esse tipo de interferência independe do comprimento de onda.

Figura 2.8 – Relação entre distância e ângulo para o fenômeno de difração

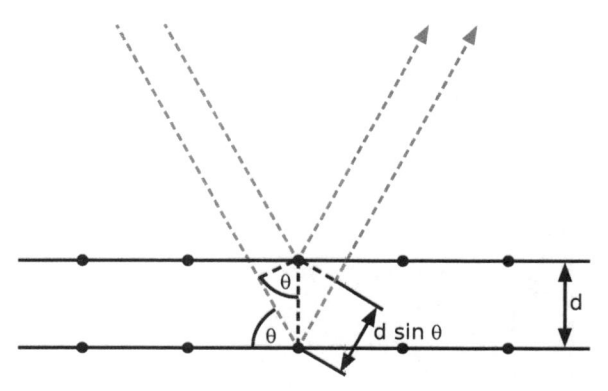

Fonte: Tipler; Llewellyn, 2017, p. 87.

No fenômeno de difração, as ondas difratadas com o mesmo ângulo estarão em fase se a diferença entre os dois percursos seguidos pelas ondas for igual a um número inteiro de comprimento de onda. Essa condição pode ser também tomada analisando-se a Figura 2.8. Em termos quantitativos, a relação ocorre por meio da seguinte equação:

Equação 2.35

$$2d\,\text{sen}\,\theta = m\lambda$$

Nessa equação, conhecida como *condição de Bragg*, *m* é um número inteiro.

Exercício resolvido

Um dos maiores feitos da ciência foi, sem dúvida, a descoberta dos raios X. Isso porque esse fenômeno tem uma aplicação muito importante, principalmente no campo da medicina. Considere que um feixe de raios X de comprimento de onda 0,7 nm incide sobre a superfície de um cristal que tem uma pequena fenda, cuja distância entre as aberturas é d. Sabendo-se que o ângulo de espalhamento é de $\theta = 25°$, a abertura entre as fendas é de:

a) 0,9123 nm.
b) 1,2358 nm.
c) 1,6564 nm.
d) 1,8769 nm.
Considere: m = 2

Gabarito: a

Feedback do exercício: Para resolver esse problema, devemos substituir os dados na Equação 2.35. Dessa maneira, teremos como resultado:

$$2d\,\text{sen}\,25° = m\lambda \rightarrow d\,\text{sen}\,25° = 0{,}7 \times 10^{-9}$$

$$d = \frac{0{,}7 \times 10^{-9}}{\text{sen}\,25°} \rightarrow d = 1{,}6564 \times 10^{-9}\,\text{m}$$

Mesmo com todo o aparato proposto por Einstein e por Hertz, sem dúvida a maior evidência das propriedades corpusculares de luz foi obtida entre os anos de 1919 e 1923 com o trabalho de Arthur H. Compton. Esse trabalho se baseia na observação de raios X monocromáticos por um alvo de grafite. Um fato importante quanto às observações sobre a difração por raios X é o fato de que o raio difratado, aparentemente, é mais "suave" do que o raio incidente, ou seja, eles têm menor poder de penetração se submetidos a outros materiais.

Compton concluiu que, se considerássemos o processo de colisão de um fóton com uma energia hf_1 e um elétron, o elétron seria capaz de absorver parte da energia inicial e, consequentemente, a energia do fóton difratado hf_2 seria menor que a energia inicial incidente. Aqui, f_1 e f_2 são as frequências dos raios incidente e refratado, respectivamente. Assim, podemos concluir que a frequência f_2 é menor do que a inicial f_1.

Compton também aplicou as leis de conservação do momento e da energia relativística para a colisão de um fóton com um elétron. Isso fez com que ele obtivesse a diferença entre os comprimentos de onda do fóton incidente e do fóton difratado $\lambda_2 - \lambda_1$ em função do ângulo de espalhamento θ. Esse resultado ficou conhecido como **equação de Compton**.

Equação 2.36

$$\lambda_2 - \lambda_1 = \frac{h}{mc}(1 - \cos\theta)$$

A figura a seguir apresenta o aparato experimental utilizado por Compton.

Figura 2.9 – Esquema do aparato usado por Compton

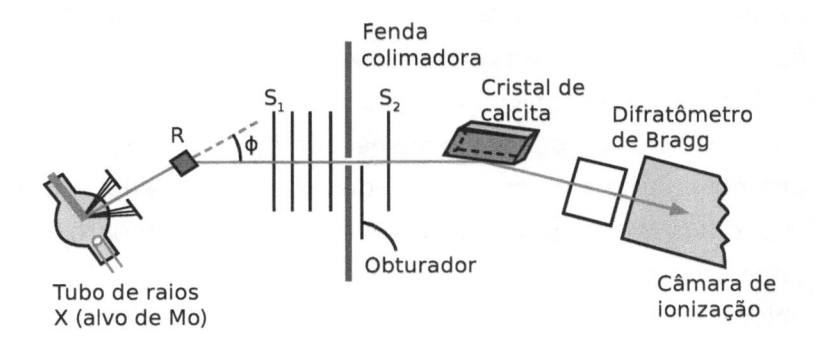

Fonte: Tipler; Llewellyn, 2017, p. 89.

Na Figura 2.9, os raios X são produzidos por um tubo com um alvo feito de molibdênio, sendo espalhados por um bloco de grafite que está colimado com S_1 e S_2. Posteriormente, são analisados por um diafragma de Bragg, que, por sua vez, é constituído por um material de calcita e por uma câmara de ionização.

Perceba que, na Equação 2.15, as diferenças entre os comprimentos de onda não dependem do comprimento de onda do fóton incidente. A razão que aparece nesta relação $\dfrac{h}{mc}$ tem dimensão de comprimento e, por esse motivo, é conhecida como *comprimento de onda de Compton*. Seu valor pode ser obtido substituindo-se os valores das constantes envolvidas em sua definição:

$$\lambda_C = \frac{h}{mc} = \frac{1,24 \times 10^3 \, eV \cdot nm}{5,11 \times 10^5 \, eV} = 0,00243 \, nm$$

Um exemplo de problema que foi solucionado com as novas ideias que surgiram com o desenvolvimento da física moderna é o **movimento browniano**.

Em 1827, o botânico inglês Robert Brown percebeu que partículas de pólen em suspensão descreviam um movimento aleatório. Intrigado com o fenômeno observado, ele sugeriu, inicialmente, que o movimento tinha origem biológica, ligada a um tipo de vida dos pólens. No entanto, posteriormente ele percebeu que o mesmo movimento aleatório podia ser observado em uma grande variedade de materiais; assim, concluiu que esse fenômeno se manifestava também em sistemas inorgânicos, o que o fez abandonar a ideia de "vida" do pólen. Em sua homenagem, esse movimento ficou conhecido como *movimento browniano*.

Esse fenômeno permaneceu, de certa forma, arrefecido por cerca 75 anos, até Einstein publicar, em 1905, um artigo para explicar tal fenômeno. Esse artigo estava fundamentado na teoria cinética da matéria. É válido destacar que esse tema foi abordado por Einstein em sua tese de doutorado (Ribas, 2014).

A justificativa de Einstein para esse movimento forneceu um grande avanço para a compreensão da teoria cinética da matéria, que, assim como a teoria atômica (que até então não era completamente

compreendida), estava ainda em desenvolvimento.
Em sua autobiografia, Einstein (citado por Ribas, 2014, p. 25) descreve o desenvolvimento desse trabalho: "Meu objetivo principal era encontrar fatos que garantissem, na medida do possível, a existência de átomos de tamanho bem definido".

Podemos observar o movimento browniano quando uma partícula sólida é grande o suficiente para ser observada em microscópio. Contudo, ela deve ser suficientemente pequena para que as colisões com outras partículas ou moléculas do fluido em que se encontra suspensa possam ser observadas como pequenos deslocamentos da partícula. Consideramos esse tipo de movimento equivalente àquele observado no processo de difusão de moléculas, exceto pelo fato de que, para moléculas com massa muito menores, a difusão se dá com velocidades muito maiores (Ribas, 2014).

De acordo com Ribas (2014), um dos exemplos mais famosos para traçar um paralelo sobre a aleatoriedade do movimento browniano é a do famoso "andar do bêbado". Consideremos o caso de um bêbado andando em uma calçada. Por simplicidade, vamos estabelecer que o bêbado se move em uma direção; como o movimento é aleatório, a probabilidade de o bêbado dar um passo para a direita é igual à probabilidade de ele andar para a esquerda. Assim, podemos calcular uma distância média qualquer que o bêbado se encontra da posição inicial, após ter dado determinado número de passos. É fato que, considerando-se a probabilidade igual tanto para o passo da esquerda quanto para o da direita, $x_n = 0$. Entretanto, o valor médio de x_n^2 não é nulo. Se x_i for a posição do bêbado após o i-ésimo passo de comprimento l, teremos:

$$x_1 = \pm l \rightarrow \overline{x_1} = 0 \rightarrow \overline{x_1^2} = l^2$$

$$x_2 = x_1 \pm l \rightarrow \overline{x_2} = 0 \rightarrow \overline{x_2^2} = \overline{x_1^2} \pm 2l\overline{x_1} + l^2$$

De maneira geral, para *n* passos do bêbado:

Equação 2.37

$$x_n = x_{n-1} \pm l \rightarrow \overline{x_n} = 0 \rightarrow \overline{x_n^2} = \overline{x_{n-1}^2} \pm 2l\overline{x_{n-1}} + l^2 = nl^2$$

Assim, após *n* passos, o bêbado estará a uma distância $x_{rms} = \sqrt{n}l$ do início do trajeto, com a mesma probabilidade de se encontrar à direita ou à esquerda. Para toda partícula que descreve o movimento browniano, o número de passos observado *n*, correspondente ao deslocamento médio medido em um intervalo de tempo *t*, é diretamente proporcional ao número de colisões que a partícula sofrerá, com as moléculas do fluido em que se encontra suspensa. Assim, podemos concluir que o número de passos *n* também deverá ser uma quantidade proporcional ao tempo de observação. Nesse caso, pode ser dado por D, que é uma constante conhecida como *constante de difusão* (Ribas, 2014).

De maneira formal, podemos fazer uma dedução mais simples do deslocamento quadrático médio, em que será possível obter explicitamente o valor de D. Usamos, nesse caso, as forças que agem sobre as partículas. São elas:

- a força de viscosidade, dada pela lei de Stokes,
  $F_v = -6\pi\eta a v$;
- a força decorrente das colisões com as moléculas do fluido.

É importante destacar que essa força é fruto da aleatoriedade e tem média zero (Ribas, 2014). Traçando um paralelo do ponto de vista termodinâmico, essa força corresponde à pressão do fluido sobre a partícula. Entretanto, se analisarmos do ponto de vista microscópico, sabemos que ela é resultado das colisões com as moléculas e que, de maneira geral, não é nula, uma vez que são observadas as chamadas *flutuações* no número de colisões. Forças que apresentam essa característica são conhecidas como **forças estocásticas** ou **forças de Langevin**. A equação de movimento para a coordenada *x* da partícula é, portanto:

Equação 2.38

$$m\frac{d^2x}{dt^2} = -\mu\frac{dx}{dt} + F_e$$

No ano de 1908, o francês Jean-Baptiste Perrin conseguiu desenvolver um sistema tendo como base pequenas esferas de látex (microesferas) com raios determinados. Ele estudou o movimento browniano dessas partículas e fez variar três quantidades principais:

1. a dimensão das partículas;
2. o líquido de suspensão;
3. a temperatura.

Nesse caso, ele sempre obteve o mesmo valor para N_A, entre $5,5 \times 10^{23}$ e $7,2 \times 10^{23}$. O fato de o movimento browniano ter recebido todo esse aparato teórico, além da excelente concordância com os resultados, fez com que a **teoria atômica da matéria** se tornasse cada vez mais aceita e compreendida.

Síntese

- A primeira quantidade quantizada foi a carga elétrica obtida no famoso experimento de Millikan.
- A descoberta do elétron por J. J. Thomson foi um grande marco para o desenvolvimento da física, principalmente pelo fato de, paralelamente, terem sido usados os raios catódicos, uma quantidade que até então não havia sido completamente bem compreendida.

- Os primórdios da mecânica quântica surgiram no início do século XX, mais precisamente com o trabalho de Planck e sua fantástica hipótese para a explicação da radiação do corpo negro.
- Com o trabalho de Planck surgiu a ideia de que a energia pode ser quantizada. Esta, por sua vez, trouxe o que podemos considerar a maior quebra de paradigma, visto que rompeu drasticamente com as ideias que fundamentavam a física clássica.
- Com base principalmente no trabalho de Planck para a radiação do corpo negro, Einstein propôs o efeito fotoelétrico, considerado um grande resultado do ponto de vista da mecânica quântica. Isso trouxe a comprovação da teoria corpuscular da matéria.
- Podemos considerar a descoberta dos raios X como um dos grandes feitos da ciência, visto que teve um grande impacto na sociedade, principalmente para a medicina.

Propriedades ondulatórias das partículas

3

Conteúdos do capítulo:

- Interferência e difração para ondas e partículas.
- A interpretação probabilística da função de onda.
- A hipótese de De Broglie.
- Pacotes de onda de matéria.
- Dualidade onda-partícula.
- O princípio da incerteza de Heisenberg.

Após o estudo deste capítulo, você será capaz de:

1. elencar os conceitos fundamentais dos fenômenos de interferência e difração para ondas e partículas;
2. identificar os fenômenos ligados à função de onda sob a óptica probabilística;
3. aplicar as hipóteses de De Broglie para a dualidade onda-partícula;
4. explicar como se estabelece o princípio da incerteza de Heisenberg;
5. compreender a estrutura da equação de Schrödinger e sua interpretação para o desenvolvimento da teoria quântica da matéria.

Como mencionamos no capítulo anterior, no final do século XIX, todo conhecimento sobre a estrutura da matéria estava ainda vinculado à ideia dos atomistas gregos de que a matéria era constituída de pequenas quantidades indivisíveis chamadas de *átomos*.
No entanto, a teoria eletromagnética de Maxwell, que estuda propriedades da matéria em nível atômico, já estava completa. Isso, de certa maneira, era um dos maiores feitos da física àquela época. No que diz respeito ao movimento, a mecânica newtoniana era a teoria responsável pela completa descrição dos movimentos dos corpos no regime macroscópico.

    Foi somente no início do século XX que houve a chamada "quebra de paradigma" com relação à compreensão da estrutura da matéria dos corpos e, de maneira geral, do próprio funcionamento do Universo. Foi nessa época que surgiu as duas bases da física moderna: a teoria da relatividade de Einstein (restrita e geral) e a teoria quântica.

    Neste capítulo, apresentaremos, de maneira geral, os conceitos fundamentais que trazem à tona a interpretação dos fenômenos ondulatórios para as partículas. Além disso, trataremos das propriedades ondulatórias da matéria e de suas principais características. Nesse sentido, faz-se necessário uma abordagem sobre o experimento mais elementar deste estudo, o chamado *experimento de Young*.

3.1 Experimento de Young

Mencionamos no capítulo anterior uma propriedade muito intrigante de uma "partícula quântica", que também apresenta características de uma onda, mesmo sendo uma partícula. Essa propriedade é uma conquista puramente dos estudos sobre a natureza em nível atômico e se configura em uma verdadeira ruptura na forma de compreender as ondas e as partículas nesse regime.

O experimento de Young permitiu verificar dois fenômenos que são universais e puramente característicos de uma onda: a interferência e a difração. Analisaremos esse fenômeno sob a ótica em três aspectos: para ondas clássicas, para partículas clássicas e para elétrons.

3.1.1 Experimento de Young para ondas clássicas

Consideremos, para as ondas clássicas, as ondas sonoras. Nesse sentido, abordaremos essas ondas como puntiformes, ou seja, como ondas que partem de uma fonte coerente. Essas ondas incidem sobre um par de aberturas em um anteparo opaco e são detectadas nele por meio de um detector que pode se mover livremente no anteparo. Confira a figura a seguir.

Figura 3.1 – Experimento de Young para ondas clássicas

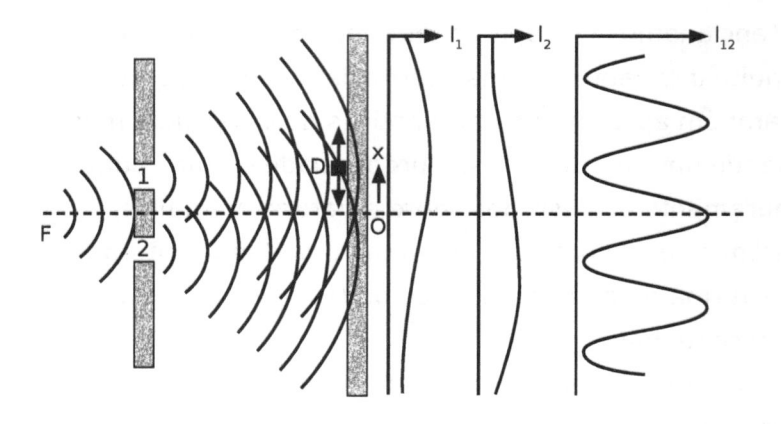

Fonte: Nussenzveig, 2014, p. 284.

Chamamos de I(x) a intensidade do som. Se apenas uma fenda estiver aberta, teremos uma intensidade $I_2(x)$; da mesma forma, se tivermos somente a fenda 2, podemos rotular a intensidade do som com o número 2, de modo que tenhamos, para qualquer caso:

Equação 3.1

$$I_j(x) = |\varphi_j(x)|^2 \text{ com } (j = 1,2)$$

Nessa equação, chamamos de φ(x) a amplitude da onda sonora, ou seja, o equivalente à função de onda para o caso quântico. Se as duas aberturas estão abertas, teremos uma intensidade sonora dada por:

Equação 3.2

$$I_{12}(x) = |\varphi_1(x) + \varphi_2(x)|^2 = I_1 + I_2 + 2\sqrt{I_1 I_2}\cos\delta$$

O termo δ é o que definimos como defasagem entre duas contribuições da onda. Nesse experimento, tiramos três conclusões importantes:

- $I_{12}(x) \neq I_1 + I_2$; para o caso particular $I_1 = I_2 = I_0$ a intensidade de $I_{12}(x)$ pode variar de 0 até $4I_0$, se a interferência for construtiva ou destrutiva.
- Quando fechamos uma das fendas, a intensidade em um ponto x do anteparo de observação pode aumentar ou diminuir.
- Se diminuirmos a intensidade da fonte sonora aos poucos, as franjas de interferência reduzirão na proporção da intensidade de forma contínua.

3.1.2 Experimento de Young para partículas clássicas

Faremos todo o aparato de ondas clássicas para o caso de partículas, mesmo sabendo que estamos com quantidades físicas totalmente distintas. Nesse caso, vamos considerar que a fonte puntiforme seja um disparador que dispara partículas massivas como bolas de gude, só que com o diâmetro menor. Para facilitar a compreensão, vamos considerar a fonte estacionária, ou seja, aquela que dispara a uma taxa constante. O detector, nesse caso, perceberá não ondas, mas partículas que atravessam as fendas, com uma probabilidade P(x)dx de encontrar uma bola de gude entre x e x + dx.

Figura 3.2 – Experimento de Young para partículas clássicas

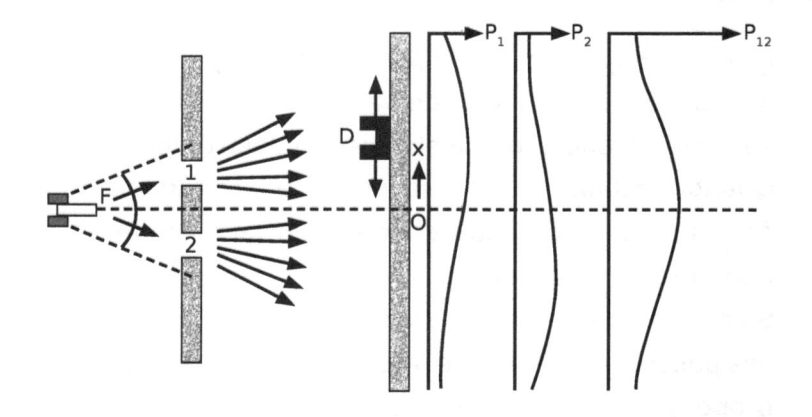

Fonte: Nussenzveig, 2014, p. 285.

Vamos considerar aqui que $P_1(x)$ e $P_2(x)$ são as distribuições de probabilidade encontradas quando a fenda 1 e a fenda 2 estão abertas, respectivamente. Assim como no caso das ondas clássicas, podemos mais uma vez chegar a algumas conclusões importantes.

- Não se pode determinar uma fração ou parte de uma bola de gude, apenas ela completa.

- Cada bala passa pela fenda 1 ou pela fenda 2 de forma independente e mutuamente exclusiva. A distribuição de probabilidade quando as duas fendas estão abertas é: $P_{12}(x) = P_1(x) + P_2(x)$
- Quando fechamos uma das fendas, como as duas possibilidades são positivas, a distribuição P(x) só pode diminuir.
- Quando diminuímos a taxa de disparos das balas, elas continuam chegando até o anteparo de observação distribuídas em pontos x quaisquer.

3.1.3 Experimento de Young para elétrons

Começamos destacando que a realização do experimento de Young para elétrons ou para qualquer partícula subatômica é tarefa muito difícil de realizar, em decorrência da escala de comprimento muito pequena. Entretanto, já foram observados experimentos com elétrons assim como com outros tipos de partículas. Um destes experimentos é conhecido como *experimento de Tonomura*, o qual foi realizado de tal forma que os elétrons eram emitidos por um filamento delgado situado entre duas placas similares a duas fendas de Young.

Nessa fenda era estabelecida uma diferença de potencial e, logo em seguida, havia focalização por meio de um microscópio eletrônico. A Figura 3.3 ilustra de forma mais clara o procedimento desse experimento.

Figura 3.3 – Experimento de Young para elétrons

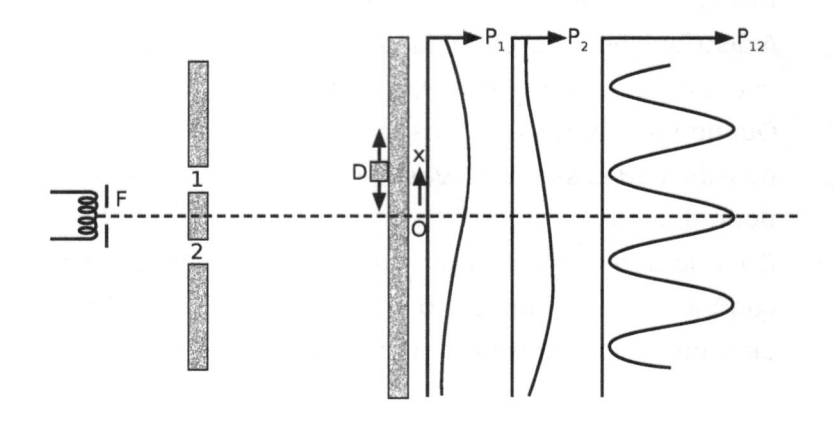

Fonte: Nussenzveig, 2004, p. 286.

Podemos discutir algumas análises observadas como resultado do experimento:

- Da mesma forma que para partículas, foi observado que se tem sempre números inteiros de elétrons, nunca uma fração.
- Considerando-se a corrente elétrica muito fraca, os elétrons chegaram um de cada vez e tiveram praticamente 100% de detecção.
- Podia ser obtida a distribuição de probabilidade $P_j(x)$ correspondente a apenas uma única fenda.
- Incrivelmente foram determinadas franjas de interferência em P_{12}, tal que: $P_{12} \neq P_1 + P_2$, com franjas de interferências idênticas a ondas clássicas.

- Quando se fecham as aberturas, a probabilidade $P_{12}(x)$ tanto pode diminuir quanto aumentar. Esse fato depende da posição de *x*.

É válido destacar que resultados similares foram obtidos com nêutrons. Percebe-se que os dois primeiros resultados são características de partículas, já os dois últimos são qualidades de ondas. Esse resultado é surpreendente, pois o elétron tem essa característica dual. Isso pode ser visto em termos quantitativos, considerando-se que existe uma função de onda $\psi_j(x)$ para quando uma das janelas está aberta. Nesse caso, as respectivas probabilidades para as fendas podem ser dadas da seguinte maneira:

- Probabilidade para a primeira fenda aberta:

$$P_1(x) = |\psi_1(x)|^2$$

- Probabilidade para a segunda fenda aberta:

$$P_2(x) = |\psi_2(x)|^2$$

- Superposição (duas fendas abertas):

$$P_{12}(x) = |\psi_1(x) + \psi_2(x)|^2$$

Uma das discussões mais profundas de toda física é sobre a interpretação da função de onda Ψ(x), sendo esta uma função de onda de Schrödinger, como vimos no capítulo anterior. Segundo o cientista, a interpretação dela representa uma amplitude de probabilidade, ou seja,

Equação 3.3

$$P(x)dx = |\psi(x)|^2 dx$$

Trata-se da probabilidade de encontrar a partícula entre x e $x + dx$. Essa interpretação rendeu a Max Born o Prêmio Nobel de 1954.

Este é um dos grandes resultados a serem interpretados pela mecânica quântica: o fato de que amplitudes de probabilidade podem interferir e se propagar. Ninguém que estuda física conseguiu entender completamente esse fenômeno, apenas sabe-se que a natureza surpreendentemente se comporta dessa forma, ou seja, a ideia de que o elétron, mesmo sendo uma partícula, deve passar pela fenda 1 ou pela fenda 2 é incompatível com essa interpretação.

Para saber mais

Uma maneira de observar os fenômenos relacionados à interferência de ondas e difração pode ser por meio de simulação computacional. Uma simulação que envolve esses e outros fenômenos relacionados à física quântica e aos demais temas também pode ser observada.

INTERFERÊNCIA de onda. PhET Interactive Simulations. University of Colorado Boulder. Disponível em: <https://phet.colorado.edu/pt_BR/simulation/wave-interference>. Acesso em: 9 jun. 2021.

A Figura 3.4 apresenta uma figura de interferência em um experimento de fenda simples para os elétrons.

Figura 3.4 – Figuras de interferência para elétrons em um experimento de duas fendas

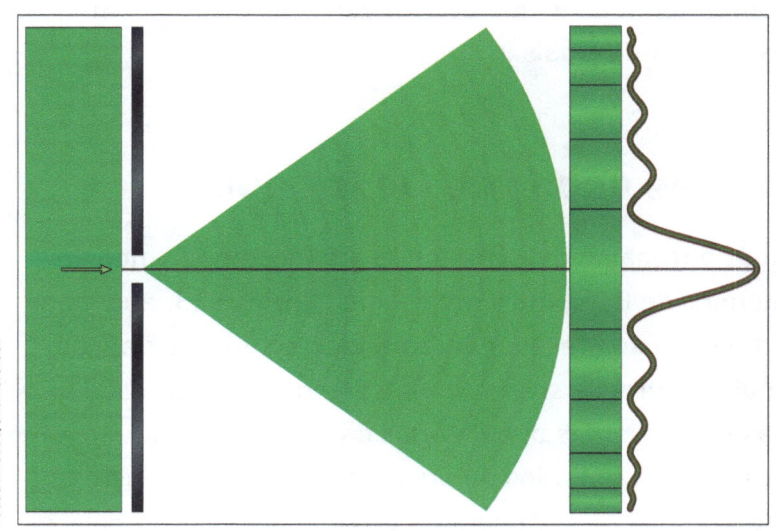

Nesse caso, temos um experimento de interferência causado por uma fenda simples. Perceba que, após sair da fenda, formam-se as franjas de interferência. Na região clara, há a interferência construtiva; já na região escura, há a interferência destrutiva.

(?) O que é?

O que significa o fenômeno de interferência de ondas?

O fenômeno de interferência é, na verdade, um fenômeno de superposição de ondas, ou seja, quando duas ou mais ondas se juntam, formando outra onda com propriedades que podem variar de acordo com as ondas individuais.

3.2 As ondas de De Broglie

Após o trabalho de Compton e, até mesmo, do modelo atômico de Bohr, mais precisamente em 1923, enquanto preparava sua tese de doutorado, o estudante francês Louis De Broglie sugeriu uma série de ideias a respeito das propriedades ondulatórias da luz, mesmo de posse dos resultados do efeito fotoelétrico de Einstein, mostrando que esta detinha propriedades corpusculares, ou seja, propriedades de partículas. "Depois da Primeira Guerra Mundial, pensei muito a respeito da teoria do *quanta* e do dualismo onda-partícula... Foi então que tive uma súbita inspiração. O dualismo onda-partícula de

Einstein era um fenômeno absolutamente geral, que se estendia a toda a natureza" (De Broglie, citado por Tipler; Llewellyn, 2017, p. 122).

Essa ideia carrega grandes consequências. A primeira delas é a concepção do Universo visível constituído de matéria e radiação – a hipótese, na verdade, trata em profundidade das propriedades de simetria da natureza, uma vez que o Universo conhecido é constituído apenas de 4% de matéria bariônica (galáxias, aglomerados de galáxias, sóis, planetas, entre outros). Os demais constituintes do Universo são divididos nas misteriosas energia escura e matéria escura.

Matematicamente, De Broglie sugeriu sua hipótese por meio da frequência e do comprimento de onda das ondas de matéria. Essas relações ficaram conhecidas como **relações de De Broglie**.

Equação 3.4

$$f = \frac{E}{h}$$

Nessa equação, E é a energia total. Para o comprimento de onda, temos:

Equação 3.5

$$\lambda = \frac{h}{p}$$

Um fato chamou a atenção de De Broglie: mesmo considerando o fóton como uma partícula, também haviam suas propriedades ondulatórias. A magnitude do seu momento *p* está totalmente relacionada ao comprimento de onda de acordo com a relação:

Equação 3.6

$$p = \hbar k$$

Como mencionamos nos capítulos anteriores, a constante $\hbar$ é conhecida como *constante de Planck*, definida como $\hbar = \dfrac{h}{2\pi}$. Ao se analisar a condição expressa pela Equação 3.6, é possível concluir que o surgimento de números inteiros para as órbitas dos elétrons fez De Broglie (citado por Nussenzveig, 2014, p. 225) elaborar uma grande análise:

> A determinação do movimento estacionário dos elétrons no átomo introduz números inteiros; ora, até aqui, os únicos fenômenos em que intervinham inteiros na física eram os de interferência e modos normais de vibração. Este fato me sugeriu a ideia de que também os elétrons não deveriam ser considerados somente como corpúsculos, mas que deveriam estar associados com periodicidade.

De Broglie também conseguiu demonstrar essas duas relações mencionadas para o caso relativístico. Com isso, pode-se concluir que elas são válidas para partículas com massa de repouso diferente de zero (Halliday, Resnick; Walker, 2013). Munido desses resultados, ele conseguiu interpretar fisicamente a quantização do momento angular do elétron postulado por Bohr em seu modelo atômico. Essa quantização nos leva ao famoso estado estacionário para o elétron, como indica a figura a seguir.

Figura 3.5 – Onda estacionária para o elétron

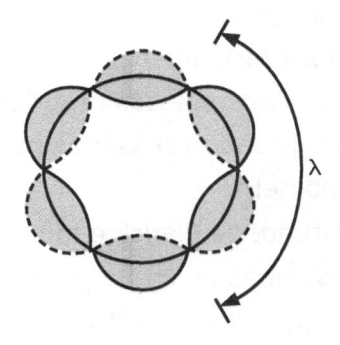

Fonte: Tipler; Llewellyn, 2017, p. 123.

Em termos quantitativos, a relação para a quantização do momento angular obtida por De Broglie ocorre da seguinte forma:

Equação 3.7

$$mrv = n\hbar$$

Nessa equação, n é um número inteiro. Para o raio da órbita, teremos:

Equação 3.8

$$2\pi r = n\lambda$$

Em 1927, dois anos após o surgimento das ideias de De Broglie a respeito das ondas de matéria, uma teoria ondulatória completa foi desenvolvida pelo austríaco Erwin Schrödinger. Davisson e Germer confirmaram a hipótese de De Broglie quando produziram figuras de interferência para os elétrons, que, como vimos, apresentavam propriedade apenas de ondas. É fato que é muito complicado mostrar essas propriedades, uma vez que as dimensões que são necessárias para evidenciá-las é da ordem do nanômetro.

O valor da constante de Planck é muito pequeno: o comprimento das ondas de matéria deve ser bem menor do que qualquer abertura física para o fenômeno de difração; assim, é muito difícil de ser observado. Se considerarmos objetos maiores (quando comparados com a escala atômica), é praticamente impossível a detecção dessas ondas. Confira essa questão no exercício a seguir.

Exercício resolvido

Assim como os fenômenos relativísticos, não é possível enxergar, em nosso cotidiano, os fenômenos do ponto de vista da estrutura da matéria. Tendo em vista a grande diferença de comprimento, podemos concluir essa afirmativa na seguinte situação: considere uma bola de golfe com uma massa de aproximadamente 4 g saindo no momento da batida com o taco a uma velocidade de 15 m/s. Nessa situação, o comprimento de onda de De Broglie para a bola é de:

a) $0,978 \times 10^{-23}$ nm.
b) $1,105 \times 10^{-23}$ nm.
c) $1,105 \times 10^{-25}$ nm.
d) $0,978 \times 10^{-25}$ nm.

Gabarito: b

Feedback **do exercício**: Para resolver esse problema, devemos substituir os dados na Equação 3.5, lembrando que $p = mv$. Nesse caso, devemos ter como resultado:

$$\lambda = \frac{h}{p}$$

$$\lambda = \frac{6,63 \times 10^{-34}}{4 \times 10^{-3} \cdot 15} \rightarrow \lambda = 1,105 \times 10^{-23} \text{ nm}$$

Concluímos como resultado desse exercício que é praticamente indetectável o comprimento de onda de De Broglie para corpos macroscópicos. No entanto, se estivermos em regime atômico, esse valor pode ser facilmente detectado.

Voltemos mais uma vez às características ondulatórias da luz no regime clássico. Nesse caso, percebemos algo interessante, com os trabalhos de Young e Fresnel confirmando a característica ondulatória da luz.

Se traçarmos um paralelo com as ideias inovadoras trazidas pela nova teoria atômica mostradas anteriormente, perceberemos que os elétrons, antes tratados apenas como partículas, também apresentam características de ondas. Isso, de certa forma, representa uma ruptura no paradigma clássico, uma vez que, com a interpretação de De Broglie e o efeito fotoelétrico de Einstein, descobrimos que elétrons podem ser encarados como ondas e que a luz apresenta propriedades corpusculares. Podemos afirmar, dessa maneira, que essa característica é uma das mais surpreendentes de toda física. Como já mencionamos anteriormente, a característica **dual** dessas quantidades faz com que sejam interpretadas tanto como ondas quanto como partículas, a depender do momento.

O que confirmou a teoria ondulatória para o elétron foi o experimento realizado. Nesse caso, considerando-se o elétron como uma onda, seria natural mostrar que este satisfaz os experimentos que demonstram tal propriedade. Esse experimento pode ser considerado um experimento de difração, por exemplo. Na figura a seguir há um esquema de como seria a interferência para os elétrons.

Figura 3.6 – Esquema para o fenômeno de difração por elétrons

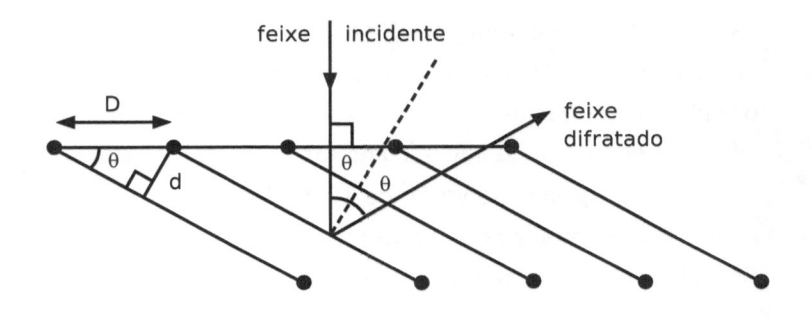

Fonte: Nussenzveig, 2014, p. 226.

Davisson (citado por Tipler; Llewellyn, 2017, p. 127) afirma o seguinte sobre a série de experimentos para a detecção das propriedades ondulatórias do elétron:

> Talvez nenhuma ideia física tenha evoluído tão rapidamente quanto esta. O próprio De Broglie, naturalmente, estava na vanguarda deste empreendimento, mas as principais contribuições se deveram a Schrödinger, mais velho e experiente. Seria ótimo poder dizer aos senhores que logo que a sugestão de Elsasser se tornou pública, foram iniciados experimentos em Nova York que culminaram com a demonstração da difração de elétrons... melhor ainda se eu pudesse dizer que o trabalho começou um dia depois que exemplares da Tese de De Broglie chegaram à América. A verdadeira história envolve mais sorte e menos perspicácia. Foi descoberto, puramente por acidente, que

a intensidade do espalhamento elástico (de elétrons) varia com a orientação do cristal responsável pelo espalhamento. Isso motivou, é claro, uma investigação do espalhamento elástico por monocristais de orientação conhecida. Assim, o experimento de Nova York não era visto, no início, como um teste da teoria ondulatória. Apenas no verão de 1926, depois que discuti a investigação da Inglaterra com Richardson, Born, Franck e outros é que ela assumiu este caráter.

Uma forma simples de determinar o comprimento de onda de De Broglie é por meio da energia da partícula. A energia cinética clássica pode ser expressa, em termos do momento linear da partícula, de acordo com a seguinte expressão:

Equação 3.9

$$E = \frac{p^2}{2m}$$

Assim, devemos ter para a determinação do comprimento de onda, usando a Equação 3.5, a seguinte expressão:

Equação 3.10

$$\lambda = \frac{h}{\sqrt{2mE_k}}$$

Se quisermos determinar uma expressão que valha tanto para o caso relativístico quanto para o não relativístico, precisamos da relação para a energia e o momento relativístico, que é estabelecida por:

Equação 3.11

$$E^2 = (pc)^2 + (mc^2)^2$$

Considerando-se a energia de repouso, a célebre equação de Einstein para a energia de uma partícula e sua relação com a massa $E_0 = mc^2$, teremos, manipulando as Equações 3.10 e 3.11, a seguinte relação:

Equação 3.12

$$\lambda = \frac{hc}{\left(2E_0 E_k + E_k^2\right)^{1/2}}$$

Esse comprimento de onda, que se refere a um comprimento de onda qualquer, pode ser relacionado ao comprimento de onda de Compton λ_C por meio da seguinte relação:

Equação 3.13

$$\frac{\lambda}{\lambda_C} = \frac{1}{\left[2\left(\frac{E_k}{E_0}\right) + \left(\frac{E_k}{E_0}\right)^2\right]^{1/2}}$$

3.3 Pacotes de onda

Todas as vezes que ondas se propagam, independentemente de quais sejam as ondas, sabemos que ocorrem movimento nos constituintes da quantidade que se encontra ondulando. Nas ondas do mar, a água se move em um movimento de subida e descida; as ondas de uma corda podem surgir em um ponto qualquer da corda; na luz, há os campos elétrico e magnético. Poderíamos fazer o seguinte questionamento: E o que se move quando temos ondas de matéria? A resposta a essa pergunta é: a chamada **probabilidade de observar a partícula**.

Voltemos a tratar de ondas clássicas, mais precisamente da equação que governa a onda:

Equação 3.14

$$\frac{\partial^2 y}{\partial x^2} = \frac{1}{v^2}\frac{\partial^2 y}{\partial t^2}$$

A melhor forma de estudar o fenômeno ondulatório é considerando um caso especial de ondas, aquelas que descrevem um movimento harmônico simples, ou simplesmente as ondas harmônicas. Assim, se essas ondas são transversais, elas se propagam ao longo do eixo *x*, em que a partícula que é perturbada realiza um movimento vertical, cuja posição é dada por:

Equação 3.15

$$y(x,t) = y_0 \cos(kx - \omega t)$$

Nessa equação, y_0 é a amplitude. Sabemos que as ondas detêm para cada ponto perturbado um período T e uma frequência *f*. O número de onda é $k = \frac{2\pi}{\lambda}$ e sua frequência angular é $\omega = 2\pi f$. A velocidade de propagação da onda, conhecida como *velocidade de fase*, aqui é definida como v_p. Será, portanto:

Equação 3.16

$$v_p = f\lambda$$

Uma quantidade bastante presente no fenômeno ondulatório é o pulso – quantidade que não pode ser descrita por uma única onda harmônica. São exemplos dessas quantidades toda deformação isolada, um ruído em uma explosão e o clarão usado, muitas vezes, na frente de um obturador situado diante de uma fonte luminosa. Sua principal característica é ser um fenômeno localizado no espaço e no tempo. Essa característica é exatamente oposta às ondas, uma vez que elas não estão localizadas no espaço e no tempo (ondas harmônicas isoladas). Contudo, podemos representar um pulso mediante um conjunto de ondas harmônicas com diferentes frequências e comprimentos de onda. A esse conjunto chamamos de **pacotes de onda**.

No entanto, do ponto de vista matemático, a tarefa se torna um pouco complexa, uma vez que representamos o pacote de onda como uma soma de ondas senoidais. Essas quantidades envolvem o que denominamos **série de Fourier**. A figura a seguir apresenta duas situações: (a) um pulso isolado e (b) um pacote de ondas. Perceba que as duas quantidades se movem na mesma direção.

Figura 3.7 – Pulso isolado e pacote de ondas

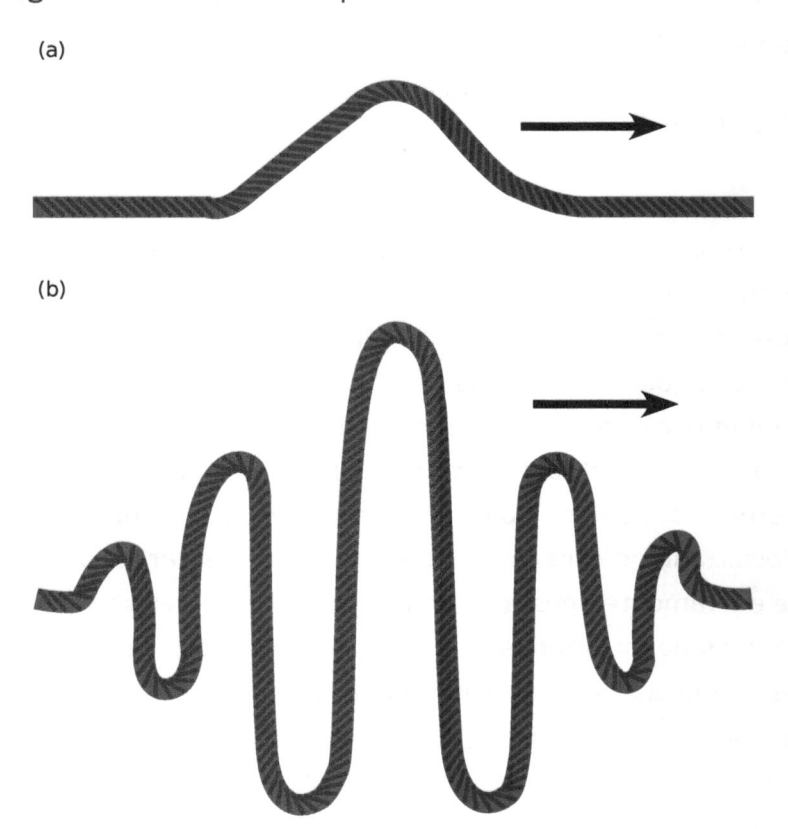

(a)

(b)

Fonte: Tipler; Llewellyn, 2017, p. 130.

Em toda física é utilizado o conceito de pacote de onda, principalmente na física de partículas, visto que essa propriedade evidencia a localização da partícula. Consideremos agora um pacote de onda constituído de apenas duas ondas harmônicas, cuja soma (pacote de onda) será dada por:

Equação 3.17

$$y(x,t) = y_0 \cos(k_1 x - \omega_1 t) + y_0 \cos(k_2 x - \omega_2 t)$$

Nessa equação, k_1 e k_2 são os números de ondas e ω_1 e ω_2 as frequências das ondas senoidais independentes. Teremos também as velocidades das ondas, v_1 e v_2. Utilizando uma transformação trigonométrica, podemos chegar ao seguinte resultado:

Equação 3.18

$$y(x,t) = 2y_0 \cos\left(\frac{\Delta k}{2}x - \frac{\Delta \omega}{2}t\right)\cos\left(\frac{k_1 + k_2}{2}x - \frac{\omega_1 + \omega_2}{2}t\right)$$

Aqui, $\Delta k = k_2 - k_1$ e $\Delta \omega = \omega_2 - \omega_1$. Podemos também definir os valores médios dos números de onda e das frequências. Dessa forma, obtemos:

Equação 3.19

$$y(x,t) = 2y_0 \cos\left(\frac{\Delta k}{2}x - \frac{\Delta \omega}{2}t\right)\cos(\bar{k}x - \bar{\omega}t)$$

Por definição, a média de uma quantidade é
$\bar{k} = \frac{k_1 + k_2}{2}$ e $\bar{\omega} = \frac{\omega_1 + \omega_2}{2}$.

A seguir, podemos ver os gráficos de y(x, t) em função de x para dado instante de tempo t_0.

Gráfico 3.1 – Função y(x, t)

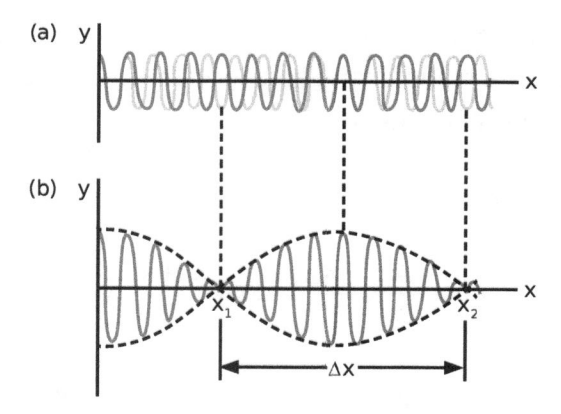

Fonte: Tipler; Llewellyn, 2017, p. 130.

Percebemos que a envoltória da onda anterior, descrita pela Equação 3.19, propaga-se com velocidade de fase:

Equação 3.20

$$v_p = \frac{\bar{\omega}}{\bar{k}}$$

Já a velocidade da envoltória como um todo é definida como velocidade de grupo v_g e é dada por:

Equação 3.21

$$v_g = \frac{d\omega}{dk} \rightarrow v_g = v_p + k\frac{dv_p}{dk}$$

Se a velocidade de fase é a mesma para todas as frequências, teremos $\frac{dv}{dk} = 0$. Nesse caso, a velocidade de grupo equivale à velocidade de fase. A figura a seguir apresenta uma sequência de situações que envolvem as velocidades de fase e de grupo em algumas situações.

Figura 3.8 – Velocidade de fase e de grupo para ondas senoidais

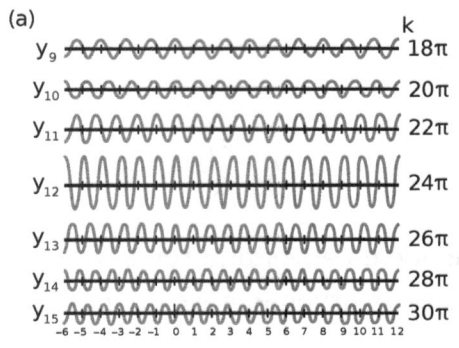

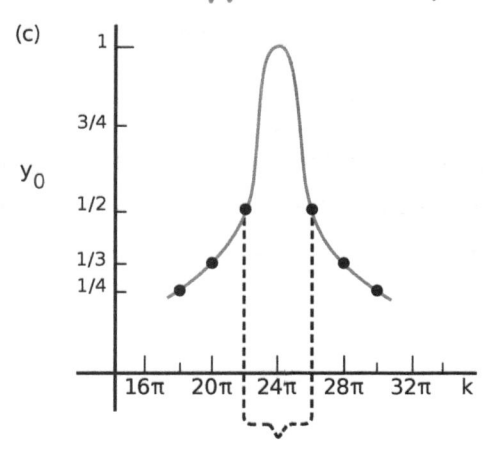

(a)

	k
y_9	18π
y_{10}	20π
y_{11}	22π
y_{12}	24π
y_{13}	26π
y_{14}	28π
y_{15}	30π

(b)

$$y = \sum_i y_i$$

(c)

Fonte: Tiple; Llewellyn, 2017, p. 131.

Na Figura 3.8, há três situações. Na situação (a), temos sete ondas senoidais com números de onda igualmente espaçados de k = 18 π a k = 30π e amplitudes de $\frac{1}{4}$. Na situação (b), temos a superposição para t = 0. Por fim, na situação (c), temos as amplitudes senoidais em função do número de onda k.

Tendo em vista a Figura 3.8, chegamos a uma importante relação para ondas clássicas, as chamadas *relações de indeterminação*, que servem para o que veremos adiante como **relação de incerteza**. Perceba que a largura do pacote de onda definido como Δx é maior do que $\frac{1}{12}$, ao passo que a largura do gráfico de amplitude das ondas em função de k é Δk = 4π, ou seja, uma quantidade que é, na verdade, um pouco maior do que 12. Nesse caso, podemos aproximar a relação entre a variação do número de onda e a variação do momento, de tal forma que tenhamos:

Equação 3.22

$$\Delta k \Delta x \sim 1$$

Da mesma forma, se analisarmos as relações referentes ao tempo, teremos o seguinte:

Equação 3.23

$$\Delta \omega \Delta t \sim 1$$

Essas são as chamadas *relações de indeterminação clássicas*. Na Equação 3.23, a extensão do pulso Δx é pequena. O pacote de onda deve ocupar um grande intervalo Δk de número de onda quanto maior for o pulso de extensão. A Equação 3.23 também demonstra que, se a duração do intervalo de tempo do pulso é pequena, o pacote de onda deve ocupar um grande intervalo de frequência $\Delta \omega$. Podemos ver mais uma relação de indeterminação para a largura do pacote de onda Δx e o número de onda Δk no Gráfico 3.2.

Gráfico 3.2 – Relações de indeterminação para a largura e o número de onda em uma dada onda

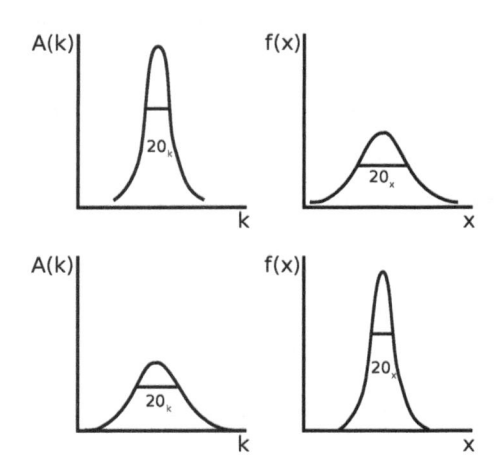

Fonte: Ribas, 2014, p. 107.

Podemos, ainda, reescrever a Equação 3.22 com uma pequena variação que também pode ser usada para interpretar as relações entre as quantidades lá expostas, por definição:

$$k = \frac{2\pi}{\lambda}$$

Assim, se tomarmos sua diferencial, ficaremos com:

Equação 3.24

$$dk = \frac{-2\pi d\lambda}{\lambda^2}$$

Se substituirmos as diferenciais pelos valores das variações das quantidades e tomarmos seu valor absoluto, teremos:

Equação 3.25

$$\Delta k = \frac{2\pi \Delta \lambda}{\lambda^2}$$

Nesse caso, a Equação 3.22 pode ser reescrita como:

Equação 3.26

$$\Delta x \Delta k \approx \frac{\lambda^2}{2\pi}$$

Exercício resolvido

Como as relações de indeterminação clássicas podem ser aplicadas a qualquer sistema macroscópico, podemos, por exemplo, determinar o valor de $\Delta\lambda$ para as ondas do mar. Suponha que você se encontre no meio de um cais de 20 m de comprimento. Em dado instante, você observa as ondas na extremidade do cais e percebe que existem 15 cristas. A margem de erro para o comprimento de onda será de, aproximadamente:

a) 1 cm.
b) 1,5 cm.
c) 2 cm.
d) 2,5 cm.

Gabarito: a

Feedback **do exercício**: Para resolver esse problema, devemos substituir os dados na Equação 3.26, considerando, é claro, a indeterminação para ocomprimento de onda: $\Delta\lambda = 1$ cm.

Munidos dessas informações e dessas relações, podemos trazer essas ideias para o caso das ondas de matéria, ou seja, é possível fazer um paralelo com a teoria atômica e, assim, encontrar a famosa relação de incerteza. Nessa situação, a quantidade que será estudada para investigação será a função de onda $\psi(x,t)$. Essa função pode ser associada à probabilidade de encontrar uma partícula.

Consideremos que uma onda que obedece a essas propriedades pode ser representada nas mais variadas formas, de acordo com uma onda clássica definida na Equação 3.17 ou como:

Equação 3.27

$$\psi(x,t) = Ae^{i(kx-\omega t)}$$

Nesse caso, a velocidade de fase da onda é:

Equação 3.28

$$v_p = f\lambda \rightarrow v_p = \frac{E}{P}$$

Sendo a energia cinética dada pela Equação 3.9, podemos escrever a velocidade de fase como:

Equação 3.29

$$v_p = \frac{v}{2}$$

Concluímos que a velocidade de fase é a metade da velocidade do elétron (se considerarmos o elétron como a "onda de matéria"). Assim, observamos que a velocidade da fase não é igual à velocidade da partícula. Isso significa que o elétron pode ser representado como uma função de onda, a qual deve ser localizada. Em outras palavras, a função de onda deve ser, na verdade, um pacote de onda constituído por uma quantidade de ondas com vários números de onda e frequência.

Nesse caso, se considerarmos a velocidade de grupo v_g, definida na Equação 2.21, tomando a diferencial, teremos:

$$v_g = \frac{dE}{dp} = \frac{p}{m}$$

Nesse caso, obtemos:

Equação 3.30

$$v_g = v$$

Diferentemente do que vimos com a velocidade de fase, a velocidade de grupo descreve com satisfação a velocidade do elétron. Assim, podemos concluir que ela representa uma partícula definida como velocidade V. É válido destacar aqui que esse foi o motivo pelo qual De Broglie sugeriu suas relações para determinar o comprimento das ondas de matéria.

Os elétrons são partículas que se comportam como ondas. Essa afirmativa é, de certa forma, paradoxal, uma vez que nosso senso nos diz que partículas clássicas são comparadas a uma bola de boliche ou uma bala de revólver. É muito curioso e intrigante observar uma bala de revólver passando simultaneamente por duas aberturas em um aparato. Entretanto, esse é o misterioso e fascinante mundo quântico, em que nossa compreensão de realidade deve ser reformulada e, sobretudo, adaptada.

Perguntas e respostas

No caso clássico, a velocidade de uma onda era totalmente determinada pela velocidade de fase da onda. Se estivermos tratando de ondas de matéria, a situação muda completamente e a velocidade da "partícula" deixa de ser obtida pela chamada *velocidade de fase*. Nesse caso, qual seria a velocidade responsável por determinar a velocidade de uma partícula?

Nessa situação, a velocidade de uma partícula é determinada pela **velocidade de grupo**.

3.4 Princípio da incerteza de Heisenberg

Acabamos de ver as chamadas *relações de incerteza clássicas*, percebendo que são propriedades usuais das ondas. Assim, ao localizar uma onda no espaço ou no tempo, buscamos interpretar, em linhas gerais, uma distribuição larga em valores de número de onda e de frequências, respectivamente, o que chamamos de **relações de dispersão**. Munidos da teoria ondulatória de De Broglie, observamos uma característica muito interessante para o comportamento de partículas subatômicas. Nesse regime, as relações de indeterminação são descritas por:

Equação 3.31

$$\Delta x \Delta p \geq \frac{\hbar}{2}$$

Aqui, temos a relação entre a largura do pacote de onda e do momento *p*. Em termos de energia e tempo, a relação de indeterminação nos fornece:

Equação 3.32

$$\Delta E \Delta t \geq \frac{\hbar}{2}$$

Essas relações de indeterminação são conhecidas na física quântica como **princípio de incerteza**, o qual foi proposto pela primeira vez em 1927 pelo físico alemão Werner Heisenberg. Essas relações são conhecidas, muitas vezes, como o "coração" da mecânica quântica e podem decorrer também dos chamados *observáveis incompatíveis*. Na verdade, essas relações descrevem uma limitação teórica no que diz respeito à precisão pela qual podemos determinar, simultaneamente, a posição e o momento de uma partícula, ou a energia e o tempo.

Da mesma forma que interpretamos as relações clássicas, quanto mais precisamente conhecermos a posição da partícula, maior será a incerteza ao determinarmos seu momento. Podemos concluir que esse efeito surge apenas como consequência das propriedades ondulatórias das partículas. Por outro ângulo, essas relações afirmam que não podemos observar uma partícula sem interferir nela; portanto, quando olhamos um pequeno objeto no microscópio, devemos iluminá-lo.

Por exemplo, a colisão dos fótons com o objeto altera o momento do objeto, algo que concluímos no capítulo anterior quando estudamos o espalhamento Compton. Se quisermos observar um objeto muito pequeno, devemos utilizar luz de comprimento de onda muito menor que as dimensões do objeto, caso contrário, a difração será apreciável e a imagem não terá uma boa definição. Assim, concluímos que, quanto menor for o objeto, maior será a interferência ao se determinar a posição, e não há como diminuir arbitrariamente essa interferência.

Tentemos determinar, de alguma forma, um elétron em um microscópio. Para isso, vamos iluminá-lo com um único fóton. Para um microscópio em que a abertura angular da objetiva é θ e considerando-se que a luz utilizada tem comprimento de onda λ, podemos mostrar que, como consequência do fenômeno da difração, a menor distância que pode ser determinada é:

$$\Delta x = \frac{\lambda}{2 \operatorname{sen} \theta}$$

Assim, consideramos o intervalo Δx a incerteza na determinação do elétron.

Vamos nos aprofundar uma pouco mais neste exemplo. Considere a Figura 3.9, a seguir. Nela temos um fóton incidindo na horizontal após sofrer o espalhamento

Compton. Percebemos que o fóton, uma vez espalhado em um ângulo qualquer, está dentro do campo de visão do microscópio (na ocular, por exemplo). O fóton chegará no ponto focal e não saberemos que direção tomou.

Sendo *p* o momento do fóton espalhado e aproximadamente igual ao do fóton incidente, se a energia do fóton não for muito grande, o componente horizontal de *p* poderá ter qualquer valor entre 0 e p sen θ. Nesse caso, a componente *x* do momento que foi transferido para elétron terá uma incerteza.

Figura 3.9 – Esquema de espalhamento do fóton

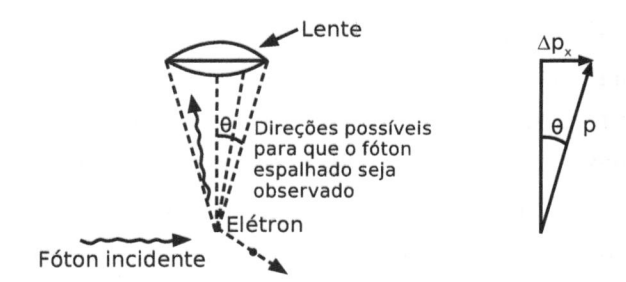

Fonte: Ribas, 2014, p. 109.

Assim, a relação de incerteza para esse sistema será descrita pela relação a seguir:

$$\Delta p \Delta x \geq \frac{h}{\lambda} \text{sen}\,\theta \frac{\lambda}{2\,\text{sen}\,\theta}$$

Em outras palavras, a relação de incerteza, nessa situação, conduz ao seguinte resultado:

Equação 3.33

$$\Delta p \Delta x \geq \frac{h}{2}$$

Esse resultado apresenta uma profunda reflexão a respeito das propriedades intrínsecas da natureza. Na verdade, não se trata apenas de uma imposição pela falta de capacidade de medir a posição do elétron, mas da forma como a natureza se comporta.

Importante!

O princípio da incerteza de Heisenberg traz em seu escopo uma assustadora propriedade intrínseca da natureza subatômica. É impossível determinar simultaneamente a posição da partícula e sua velocidade, ou seja, seu momento. Esse fato se configura em uma verdadeira quebra do paradigma sobre as propriedades da natureza nesse regime, o que está em completo desacordo com a teoria clássica.

Todos esses conceitos discutidos até aqui fazem parte da **velha teoria quântica** – porque foi desenvolvida durante o primeiro quarto do século XX. A principal característica dessa teoria é o caráter fenomenológico, que visava, inicialmente, encontrar novos aspectos para uma dinâmica que descrevesse as propriedades do mundo atômico.

Nesse meio, muitas dificuldades surgiram com relação ao desenvolvimento das principais ideias concernentes à teoria quântica, dentre as quais podemos mencionar o grande conflito entre os novos postulados que, *a priori*, estão totalmente desconexos com aqueles resultados da teoria clássica.

Antes da comprovação dos efeitos ondulatórios para o elétron, a teoria de De Broglie não havia despertado o interesse geral da comunidade científica da época. No entanto, sua importância foi notada por Einstein. Em 1926, na Escola Politécnica de Zurique, Peter Debye organizou um colóquio com Erwin Schrödinger sobre a teoria proposta por De Broglie. Foi justamente na preparação desse colóquio que Schrödinger formulou a mecânica ondulatória, que viria a ser conhecida como **mecânica quântica**.

O objetivo de Schrödinger, que foi orientado por Debye, era encontrar uma equação de ondas que satisfizesse as ideias de De Broglie tendo por início casos mais simples, ou seja, aqueles com a energia E conhecida, chamados *estados estacionários*. Se considerássemos partículas livres e não relativísticas, o caso seria bastante simples, uma vez que a energia da partícula está relacionada com a frequência – segundo a Equação 3.14, mais precisamente $E = \hbar\omega$.

Em contrapartida, a equação de onda monocromática, cujo número de onda é k, é dada por:

Equação 3.34

$$(\Delta + k^2)\Psi(x) = 0$$

Nessa equação, $\Delta = \dfrac{\partial^2}{\partial x^2}$ é o operador laplaciano. Assim, usando as equações mencionadas, podemos mostrar que:

$$\Delta\Psi = -k^2\Psi \rightarrow -\dfrac{p^2}{\hbar^2}\Psi = -\dfrac{2m}{\hbar^2} \cdot \dfrac{p^2}{2m}\Psi$$

Como o segundo fracionário na última igualdade é a energia da partícula, podemos reescrever a relação citada como:

Equação 3.35

$$-\dfrac{\hbar^2}{2m}\Delta\Psi(x) = E\Psi(x)$$

A Equação 3.35 é a famosa **equação de Schrödinger**, estacionária para partículas livres não relativísticas com massa m e energia E.

Como sabemos, o caso mais geral para a dinâmica de uma partícula ocorre quando temos uma interação da partícula com um potencial V(x) qualquer. Nesse caso, a energia da partícula é expressa como:

Equação 3.36

$$E = \frac{p^2}{2m} + V(x)$$

Assim, a equação de Schrödinger para o caso mais geral de uma partícula sob a ação de um potencial é:

Equação 3.37

$$-\frac{\hbar^2}{2m} \cdot \Psi(x) + V(x) = E\Psi(x)$$

Se consideramos o átomo de hidrogênio, por exemplo, teremos um potencial que detém a forma:

Equação 3.38

$$V(x) = -\frac{q^2}{r}$$

Para a equação de onda de Schrödinger, devemos buscar, sobretudo, sua interpretação, uma vez que as ideias que a fundamentam divergem de forma drástica das interpretações para equações de onda da física clássica.

Por meio dessa equação de onda, foi possível determinar com precisão a solução para o problema do átomo de hidrogênio. Dessa maneira, podemos considerar que o mundo atômico ganhou sua interpretação de forma mais completa e precisa. Muitas quantidades foram definidas, dentre elas os chamados *números quânticos*, bastante conhecidos tanto na física quanto na química. A figura a seguir demonstra, de forma mais resumida, as características para o átomo de hidrogênio com a variação de alguns desses números quânticos.

Figura 3.10 – Características dos estados para o átomo de hidrogênio e alguns números quânticos

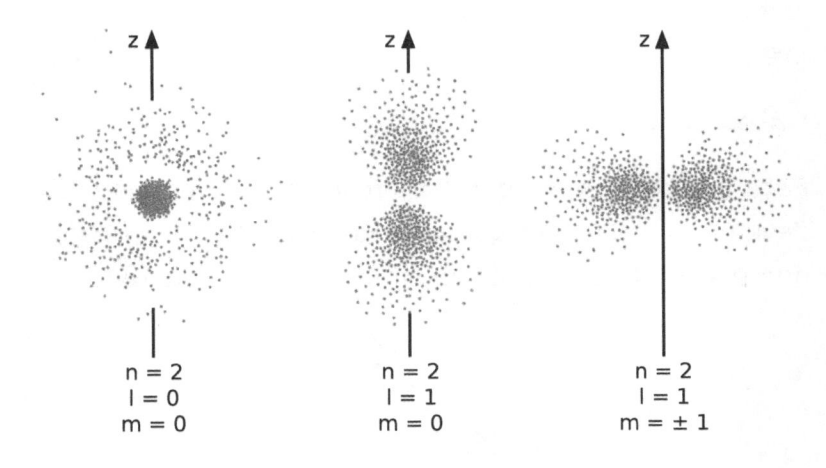

$n = 2$
$l = 0$
$m = 0$

$n = 2$
$l = 1$
$m = 0$

$n = 2$
$l = 1$
$m = \pm 1$

Fonte: Tipler; Llewellyn, 2017, p. 182.

Percebemos na figura que a "poeira" observada é, na verdade, a probabilidade de se encontrar o elétron para os números quânticos descritos. Perceba que, para o estado fundamental, temos a simetria esférica.

Exercício resolvido

Classicamente uma partícula de massa m e momento p tem energia dada pela Equação 3.9, quando esta se encontra livre de um potencial qualquer. Considere uma partícula de massa m = 2 kg que se move a uma velocidade de v = 3 m/s. A energia cinética de que está dotada a partícula é de:

a) 4 J.
b) 6 J.
c) 8 J.
d) 9 J.

Gabarito: d

Feedback do exercício: Para resolver esse problema, devemos substituir os dados na Equação 3.9, lembrando que $p = mv$. Nesse caso, devemos ter como resultado:

$$E = \frac{(mv)^2}{2m}$$

$$E = \frac{(2 \cdot 3)^2}{4} \rightarrow E = 9 \text{ J}$$

A quantidade que merece destaque nessa interpretação é, sem dúvidas, a chamada *função de onda* $\Psi(x)$, uma vez que ela deve satisfazer algumas condições. A discussão sobre essa grandeza é muito profunda e se enquadra fora do objetivo deste livro.

Síntese

- Os dois pilares da física moderna são a mecânica quântica e a teoria da relatividade de Einstein (restrita e geral).
- Os primórdios da mecânica quântica surgiram no início do século XX, mais precisamente com o trabalho de Planck e sua fantástica hipótese para a explicação da radiação do corpo negro.
- Com o trabalho de Planck, surgiu a ideia de que a energia pode ser quantizada. Esta, por sua vez, traz o que podemos considerar a maior quebra de paradigma da física, visto que rompeu drasticamente com as ideias que fundamentavam a física clássica.
- O trabalho de De Broglie comprovou uma espantosa propriedade do mundo atômico, o elétron, antes considerado partícula. O elétron pode ser interpretado como uma onda, conhecida como *onda de matéria*.
- Uma das características intrínsecas da natureza é o princípio da incerteza de Heisenberg, que, resumidamente, nada mais é do que o fato de não conseguirmos verificar simultaneamente a velocidade e a posição de uma partícula.
- A equação que fundamenta e justifica a teoria de De Broglie para a característica ondulatória da matéria foi desenvolvida por Erwin Schrödinger e ficou conhecida como *equação de Schrödinger*.

Modelos atômicos

4

Conteúdos do capítulo:

- Espectros atômicos e o modelo de Thomson.
- Espalhamento de Rutherford.
- Átomos de Rydberg.
- Modelo atômico de Rutherford e a descoberta do núcleo.
- Modelo atômico de Bohr.

Após o estudo deste capítulo, você será capaz de:

1. elencar os conceitos fundamentais da mecânica quântica e dos modelos atômicos;
2. identificar as principais características e propriedades do modelo de Thomson;
3. compreender o processo experimental que deixou de lado o modelo de Thomson e admitiu o modelo de Rutherford;
4. identificar o modelo atômico de Bohr e seus postulados, que são fundamentais para sua teoria;
5. identificar o espectro atômico baseado no modelo atômico de Bohr.

Desde épocas remotas, o homem sempre se perguntou: "De que tudo é feito?". Os primeiros a proporem respostas a essa pergunta foram os chamados *atomistas gregos*, como Tales de Mileto e Arquimedes de Siracusa. A ideia fundamental era que a menor partícula que constitui a matéria seria uma quantidade indivisível chamada de *átomo*. Com o passar dos séculos, a busca pela resposta a essa pergunta cada vez mais se fazia necessária, uma vez que, mesmo a passos curtos, a humanidade floresceu o suficiente para desenvolver ideias que abarcavam os estudos dos menores constituintes da matéria.

Entretanto, foi somente no século XIX, mais precisamente no final do século, com advento dos fenômenos elétricos e térmicos, que o interesse pelo conhecimento em nível atômico tornou-se mais evidente com os trabalhos de Röntgen e Hertz. Com a fantástica hipótese de Planck, a teoria atômica ganhou novos rumos, os quais mudaram completamente nossa concepção de realidade. Neste capítulo, investigaremos os principais modelos atômicos, bem como suas propriedades e características.

4.1 Linhas espectrais

Antes de partirmos mais precisamente para os modelos atômicos e, consequentemente, para a descrição de suas propriedades e características, é necessário relembrarmos um pouco da história das primeiras noções sobre espectros que se tem notícia. Sem dúvidas, o primeiro a observar esses espectros foi Newton por meio de um prisma de vidro. Ele observou os raios luminosos incidindo em uma de suas faces. Esse fenômeno ficou conhecido como *dispersão* e pode ser conferido na figura a seguir.

Figura 4.1 – Dispersão luminosa observada por Newton

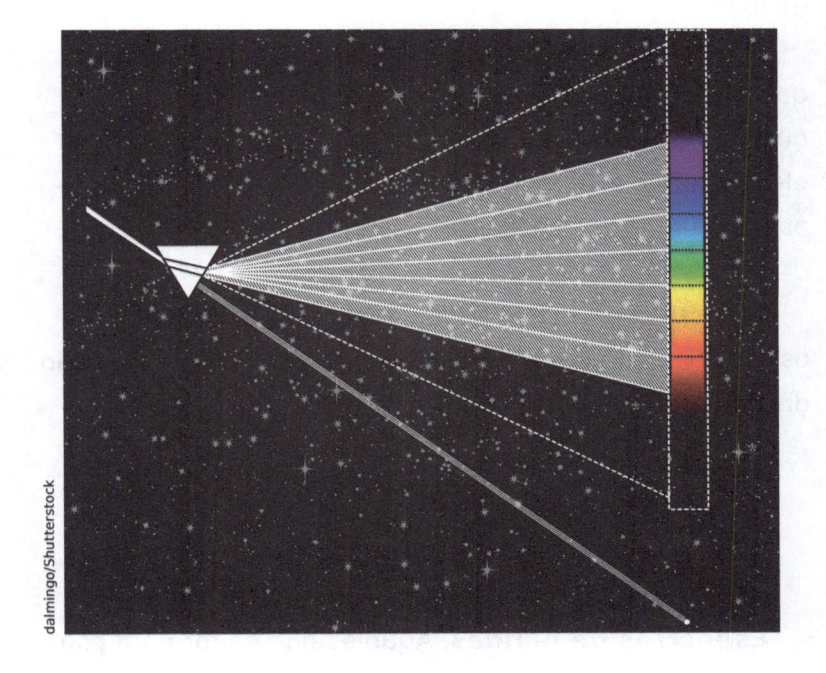

A Figura 4.1 mostra um exemplo de como esses espectros provavelmente foram determinados à época de Newton, pela dispersão de luz branca em um prisma de vidro. Com o advento da tecnologia, passamos a ter uma grande gama de aparelhos utilizados para a determinação desses espectros em escala atômica. No entanto, ainda é possível experimentar um aparato similar àquele utilizado por Newton para verificar o espectro visível da luz.

Perguntas e respostas

Qual a principal ideia de Newton a respeito da natureza da luz?

Newton imaginava, assim como os atomistas gregos, que a luz era constituída de pequenas partículas ou corpúsculos de luz. Os espectros descobertos por ele durante o fenômeno de dispersão apresentavam as próprias características e propriedades.

É possível perceber, assim, que, na determinação, os espectros de emissão dos elementos compostos estão divididos em três grupos:

- **Espectros contínuos**: Aqueles que são emitidos por sólidos incandescentes e não apresentam faixas divisórias entre claras e escuras, nem mesmo sendo observados pelos melhores espectroscópios.
- **Espectros de bandas**: Aqueles que se formam com linhas muito próximas umas das outras, construindo bandas contínuas quando são determinados por espectroscópio de baixa resolução.
- **Espectros de linhas**: Aqueles determinados por Newton para a dispersão da luz.

É válido destacar que tanto o espectro de banda quanto o espectro de linha são quantidades que dependem do material. A determinação desses espectros tem grande importância, uma vez que são usados para determinar os elementos e compostos do material. A figura a seguir demonstra de forma mais precisa a determinação do espectro de linhas.

Figura 4.2 – Determinação do espectro de linhas por meio de um prisma de vidro

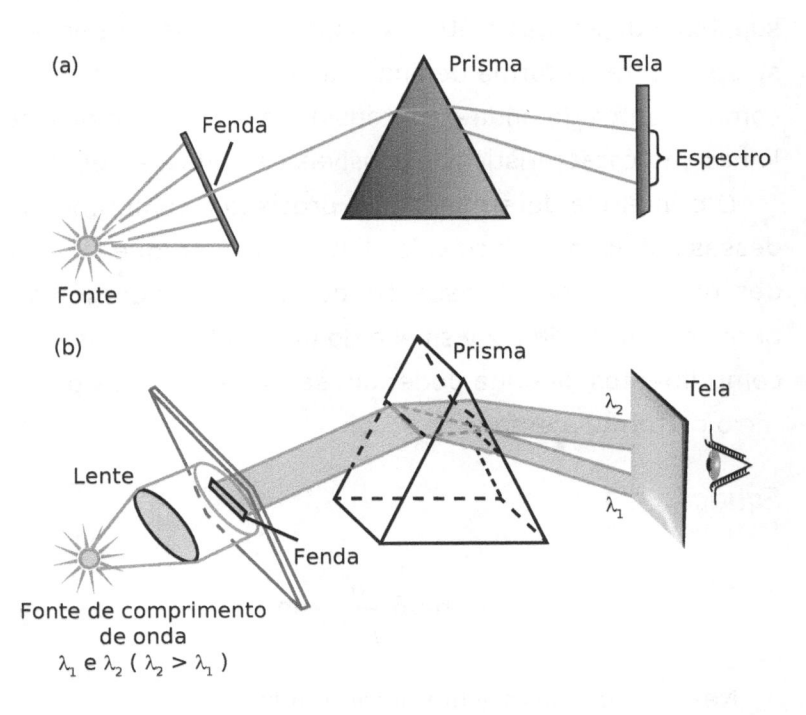

(a) Fonte, Fenda, Prisma, Tela, Espectro

(b) Fonte de comprimento de onda λ_1 e λ_2 ($\lambda_2 > \lambda_1$), Lente, Fenda, Prisma, Tela

Fonte: Tipler; Llewellyn, 2017, p. 97.

Na Figura 4.2, há uma fonte de luz e uma abertura constituída de um orifício com uma fenda estreita até chegar ao prisma feito de vidro. Esse orifício tem como objetivo fazer com que todos os raios de luz cheguem ao prisma com um mesmo ângulo de incidência, para que ocorra o mínimo de superposição entre os raios diferentes. Na situação (b), a fonte emite luz com dois comprimentos de onda distintos: λ_1 e λ_2.

Na emissão de espectros relacionados à radiação emitida por átomos dos elementos quando eles estão sujeitos a descargas elétricas, observa-se que a radiação se apresenta na forma de linhas de várias cores ou comprimentos de onda – a intensidade e a posição dessas linhas são características exclusivas de cada elemento.

O primeiro a determinar com precisão o comprimento dessas linhas foi o físico suíço Johann Balmer, que descobriu as linhas de espectro do átomo de hidrogênio para as regiões da luz visível e do ultravioleta. Esses comprimentos de onda poderiam ser determinados por meio da fórmula empírica:

Equação 4.1

$$\lambda_n = 364,6 \frac{n^2}{n^2 - 4} \text{ nm}$$

Nessa equação, *n* é um número inteiro que pode assumir os valores maiores que 2. Na figura a seguir, podemos ver as linhas do espectro de hidrogênio, ou seja, a conhecida **série de Balmer**. Também podemos observar as linhas do espectro para outros elementos, como o sódio.

Figura 4.3 – Espectro de linhas para o átomo de hidrogênio

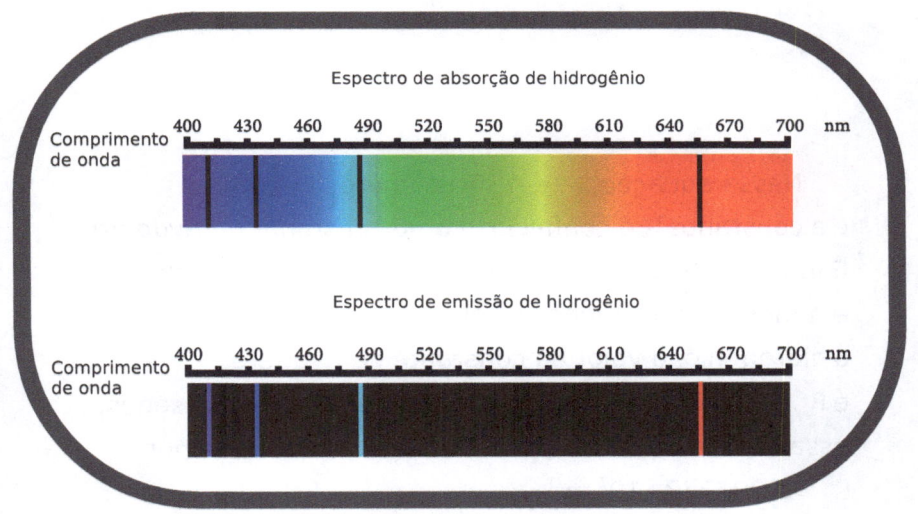

Espectro de absorção de hidrogênio

Comprimento de onda: 400 430 460 490 520 550 580 610 640 670 700 nm

Espectro de emissão de hidrogênio

Comprimento de onda: 400 430 460 490 520 550 580 610 640 670 700 nm

"Graças ao fato de que cada elemento possui um espectro de linhas diferentes, os astrônomos ficaram conhecendo a composição das estrelas, os químicos identificaram muitos compostos químicos e os artistas puderam usar lasers de várias cores em seus espetáculos" (Tipler; Llewellyn, 2017. p. 97). Um fato curioso foi que Balmer tinha em mente que, sendo o hidrogênio o elemento mais fundamental, sua fórmula também seria um caso especial, válido apenas para ele, e que deveria haver uma expressão mais geral para obter os espectros dos demais elementos. Essa expressão foi desenvolvida de forma independente por J. R. Rydberg e W. Ritz, e é conhecida como **fórmula de Rydberg-Ritz**:

Equação 4.2

$$\frac{1}{\lambda_{nm}} = R\left(\frac{1}{m^2} - \frac{1}{n^2}\right) \quad \text{para} \quad n > m$$

Nessa equação, m e n são números inteiros e a constante R é conhecida como *constante de Rydberg*. É importante destacar que a constante de Rudberg é a mesma para todas as linhas do espectro. Para o hidrogênio, o valor da constante de Rydberg é $R_H = 1,096776 \times 10^7$ m^{-1}; para elementos mais pesados, essa constante tende para um valor limite, dado por $R_\infty = 1,097373 \times 10^7$ m^{-1}.

Exercício resolvido

O elemento mais simples que pode ser estudado é o hidrogênio, pois ele pode ser composto por apenas um elétron e um próton. Sabemos que, para o hidrogênio, as linhas espectrais podem ser determinadas pela fórmula empírica dada pela Equação 4.1. Nessas condições, o valor do comprimento de onda referente à primeira linha para o átomo de hidrogênio é:

a) 623,39 nm.
b) 656,28 nm.
c) 677,08 nm.
d) 700,46 nm.

Gabarito: b

Feedback **do exercício**: Encontramos a terceira linha do espectro para o átomo de hidrogênio substituindo diretamente na Equação 4.1 o valor de n = 3. Assim, teremos:

$$\lambda_3 = 364,6 \frac{3^2}{3^2 - 4}$$

Isso nos fornece como resultado o seguinte valor:

$$\lambda_3 = 656,28 \text{ nm}$$

Destacamos aqui que outras linhas espectrais foram descobertas por Lyman e Paschen.

? *O que é?*

O que são os chamados *átomos gigantes*?

Os **átomos gigantes** são os átomos de Rydberg. Trata-se de átomos realmente enormes. Neles, um elétron na camada de valência ocupa um estado com um número quântico de valor muito alto. O que impede que esses átomos sejam comuns na natureza é que a diferença entre a energia do nível ocupado pelo elétron e a energia de ionização se torna muito pequena para grandes valores de *n*.

4.2 Modelo atômico de Thomson

Nos capítulos anteriores, mencionamos que a busca para melhor compreender a estrutura da matéria em nível atômico levou a muitos fenômenos considerados "estranhos", segundo nossa forma de compreender as leis da natureza – até então sob uma perspectiva meramente macroscópica. Na Antiguidade, os atomistas gregos propunham que a quantidade fundamental (indivisível) da matéria era o átomo. No final do século XIX, J. J. Thomson, que descobriu o elétron com seu célebre experimento com o tubo de raios catódicos, propôs o primeiro modelo atômico.

Com o resultado de todas as pesquisas, desde a descoberta do elétron até as experiências com os raios X, já se sabia, no final do século XIX, que o átomo era constituído por elétrons, que era eletricamente neutro e que seu tamanho era da ordem de 10^{-10} m. Restava apenas descrever como seria a estrutura do átomo, ou seja, um modelo atômico que satisfizesse aquelas expressões já conhecidas para as linhas de espectro do átomo de hidrogênio.

O modelo atômico proposto por Thomson tem como principal característica o fato de descrever os elétrons embebidos dentro de uma espécie de fluido com a maior parte da massa do átomo. Esse fluido conta com cargas elétricas positivas suficientes para manter o átomo eletricamente neutro. A figura a seguir ilustra o modelo proposto por Thomson.

Figura 4.4 – Modelo atômico proposto por Thomson

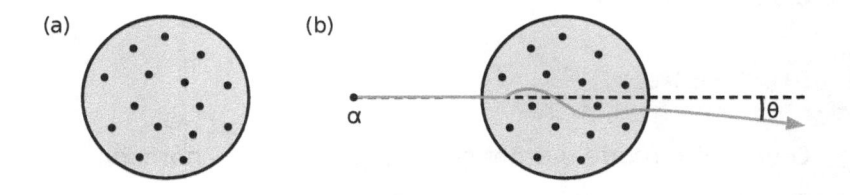

(a) (b)

Fonte: Tipler; Llewellyn, 2017, p. 98.

Na Figura 4.4, há duas situações. Na situação (a), há uma representação de átomo segundo o modelo intitulado *pudim de passas*, criado por Thomson.

Na situação (b), há um espalhamento de partículas α que se chocam com um átomo – de acordo com o modelo de Thomson, esse processo sofre uma pequena deflexão. Esse fato é de grande importância para justificar os trabalhos de Rutherford, como demonstraremos mais adiante. Esse modelo pareceu capaz de explicar algumas reações químicas, mas ele continha um sério problema: as forças eletrostáticas não eram suficientes para manter o átomo estável. Nesse caso, as cargas atômicas deveriam estar em movimento, o qual ainda deveria ser acelerado para não permitir que essas partículas escapassem do átomo.

Toda carga elétrica em movimento emite radiação; assim, para o modelo de Thomson, o átomo deveria manter uma constante emissão de energia, o que não era um fator observado experimentalmente. Isso marca o início do abandono desse modelo para um modelo mais preciso, que ficou conhecido como **modelo de Rutherford**.

> **(!) Importante!**
>
> O primeiro modelo atômico foi o modelo de Thomson, o qual era suficiente para justificar algumas reações químicas. No entanto, ele não era capaz de justificar um dos principais atributos da estrutura da matéria: a estabilidade energética do átomo. Dessa forma, ele deveria ser substituído por outro modelo que fornecesse essa característica.

4.3 Modelo atômico de Rutherford

Ernest Rutherford, que foi aluno de Thomson, investigou o fenômeno da radioatividade. Dessa maneira, ele descobriu que o elemento urânio era capaz de emitir certos tipos de partículas, os quais denominou *partículas* α e *partículas* β. Por meio de um experimento, muito similar àquele proposto por Thomson, ele descobriu a razão carga-massa $\frac{q}{m}$ para as partículas α, que detinham a metade do valor para o próton. A figura a seguir ilustra o equipamento utilizado por Rutherford. Perceba, na situação (a), um feixe de partículas.

Figura 4.5 – Equipamento utilizado por Rutherford com um feixe de partículas α

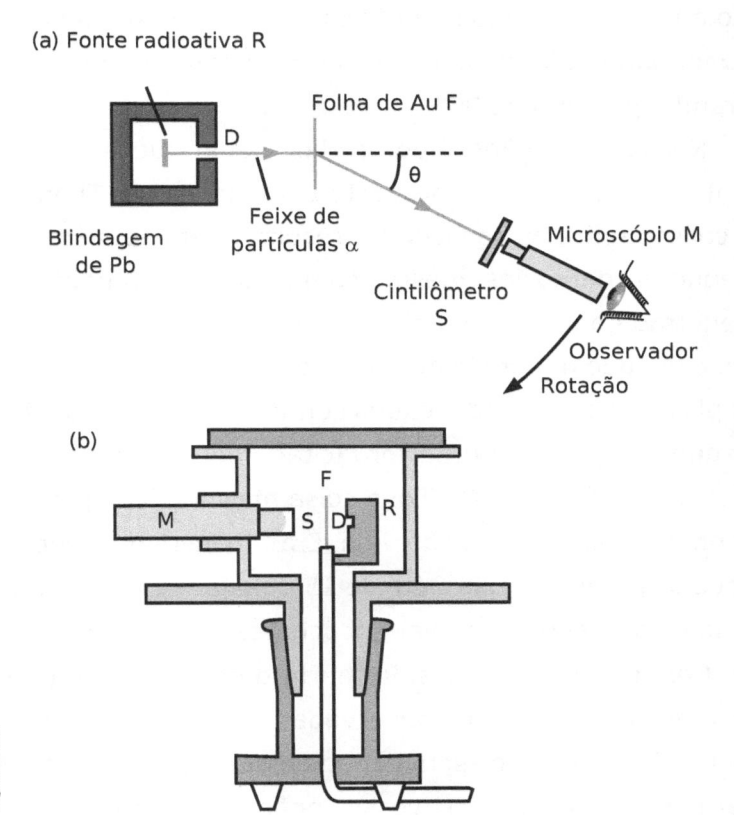

(a) Fonte radioativa R
Folha de Au F
D
θ
Blindagem de Pb
Feixe de partículas α
Microscópio M
Cintilômetro S
Observador
Rotação

(b)
M
S D
F
R

Ingrid Skåre

Fonte: Tipler; Llewellyn, 2017, p. 99.

Em um dos experimentos envolvendo as partículas α, Rutherford e seus colaboradores, munidos da informação de que essas partículas eram bastante energéticas, utilizaram-nas para investigar o interior dos átomos. Incidiram um feixe dessas partículas em uma tela feita de sulfeto de zinco. A maioria das partículas não sofria deflexão, ou sofria deflexões muito pequenas. No entanto, o ângulo de deflexão para uma pequena quantidade de partículas era surpreendentemente grande, próximo de 90°.

Nessas condições, é possível perceber que, se o átomo tinha a forma proposta pelo modelo de Thomson, a colisão entre as partículas α resultaria em apenas pequenas deflexões, mesmo com a maior profundidade penetrada por essas partículas. Assim, Rutherford concluiu que o modelo de Thomson era incapaz de explicar as grandes deflexões sofridas durante a colisão. Segundo o próprio Rutherford (citado por Tipler; Llewellyn, 2017, p. 99): "Foi a coisa mais incrível que aconteceu em toda minha vida. Era tão incrível, como se você disparasse um projétil de 15 polegadas contra um pedaço de papel e o projétil ricocheteasse de volta".

Com esses resultados, Rutherford pôde concluir que as deflexões que foram observadas só podiam ocorrer se as partículas α colidissem com o objeto massivo – uma carga positiva Q que estivesse confinada no interior, em uma região muito menor do que o próprio átomo. Ele denominou essa região de *núcleo*. Com a ideia desse núcleo, foi possível determinar o ângulo esperado das partículas após a colisão. Todas as previsões, como a probabilidade de espalhamento com o ângulo, a própria carga do núcleo e a energia cinética das partículas α, foram confirmadas experimentalmente.

Na figura a seguir, é possível conferir o espalhamento de Rutherford para partículas α.

Figura 4.6 – Espalhamento de Rutherford para partículas α

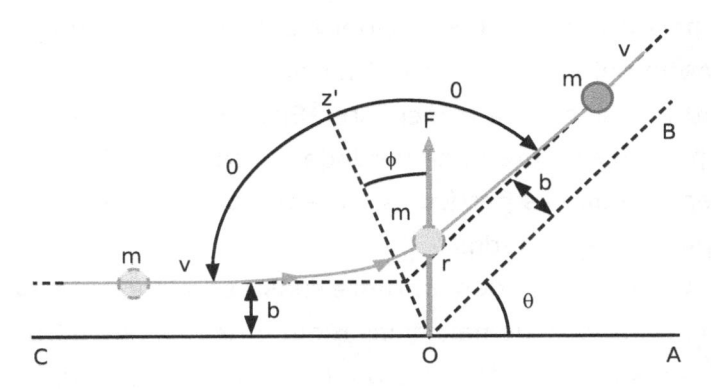

Fonte: Tipler; Llewellyn, 2017, p. 100.

A distância *b* é chamada de *parâmetro de impacto*. Já o ângulo entre a reta B e o eixo A é chamado de θ e é conhecido como *ângulo de espalhamento*. Com a ajuda das equações da mecânica newtoniana, é possível demonstrar que a trajetória seguida pela partícula é uma hipérbole, bem como que a relação entre *b* e θ é estabelecida conforme a expressão:

Equação 4.3

$$b = \frac{kq_\alpha Q}{m_\alpha v^2} \cot \frac{\theta}{2}$$

É experimentalmente verificado que átomos "pesados", chamados comumente de *átomo radioativos*, como o tório e o rádio, são capazes de emitir duas categorias de partículas, além das partículas α e β. Os pesquisadores H. W. Geiger e E. Marsden faziam experimentos junto com Rutherford, seu professor, na Universidade de Manchester. Eles previram que as partículas β eram, na verdade, elétrons de alta energia e que as partículas α eram átomos de hélio duplamente ionizados.

Geiger e Marsden, durante suas experiências, faziam incidir um feixe de partículas α em uma folha de ouro de aproximadamente de 1 μm de espessura. Durante o espalhamento, observavam as partículas espalhadas em função do ângulo, como demonstrado anteriormente. Tomando a partícula como uma carga puntiforme, podemos estimar a força elétrica em virtude da carga positiva do átomo de ouro Au em duas situações:

1. $F(r) = k_1 r$ para $r \leq R$

2. $F(r) = \dfrac{k_2}{r^2}$ para $r > R$

Nessas situações, R é o raio atômico. O gráfico a seguir apresenta com melhor clareza a relação entre os raios e a força.

Gráfico 4.1 – Relação entre a força elétrica e o raio

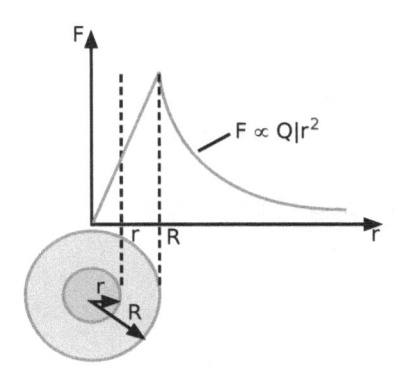

$F \propto Q|r^2$

Fonte: Tipler; Llewellyn, 2017, p. 100.

Na verdade, trata-se do gráfico da força a que uma carga pontual está submetida em relação à distância r e ao centro de uma esfera de raio R. No Gráfico 4.1, é possível observar que a força máxima agindo na partícula assume o valor quando $r = R$. Assim, teremos:

Equação 4.4

$$F_m = \frac{Qq}{4\pi\varepsilon_0 R^2}$$

Considerando que a força máxima que age sobre a partícula atua durante um intervalo de tempo $\Delta t \sim 2R/v$, que é, na verdade, a ordem de grandeza do tempo de trânsito da partícula α pelo átomo, podemos determinar a variação do momento da partícula sabendo do impulso dessa força, que, nesse caso, pode ser:

Equação 4.5

$$\Delta p = \bar{F}\Delta t$$

Isso nos leva à seguinte relação:

Equação 4.6

$$\Delta p = \frac{Qq}{4\pi\varepsilon_0}\frac{2}{Rv}$$

Durante a colisão, consideremos que a intensidade do feixe de partículas α seja I_0, que representa o número de partículas por segundo por unidade de área, e que o número de partículas espalhadas por segundo, cujo ângulo de espalhamento é θ, é exatamente igual ao número de partículas espalhadas por segundo. Consideremos também o parâmetro de espalhamento b(θ):

Equação 4.7

$$b(\theta) = \pi b^2 I_0$$

A quantidade πb^2 que aparece na Equação 4.7, conhecida como *seção de choque*, tem dimensão de área e é representada por σ. Nesse caso, teremos:

Equação 4.8

$$\sigma = \pi b^2$$

Nesse caso, podemos interpretar a Equação 4.8 como o número de partículas espalhadas por núcleo e por unidade de tempo dividido pelo feixe incidente. Assim, o número total de partículas espalhadas por segundo é, na verdade, obtido quando multiplicamos a Equação 4.7 pelo número de núcleos da folha de metal, e definido como:

Equação 4.9

$$n = \frac{\rho N_A}{M}$$

A unidade é $\text{átomos}/\text{cm}^3$. Se considerarmos a espessura t da folha, o número total de núcleos será:

Equação 4.10

$$nAt$$

O número total de partículas por segundo em que o ângulo de incidência é θ será, nesse caso, dado por:

$$\pi b^2 I_0 nAt$$

Então, se dividirmos esse valor pelo número de partículas incidentes por unidade de tempo, teremos uma quantidade que será, na verdade, a fração f de partículas, cujo ângulo de espalhamento é maior que θ. Essa quantidade é definida como:

Equação 4.11

$$f = \pi b^2 n t$$

Exercício resolvido

Podemos determinar a fração de qualquer feixe de partículas α por meio da Equação 4.11. Assim, se considerarmos um feixe dessas partículas com uma energia de 5 MeV que incide sobre uma folha de ouro, cujo número atômico é Z = 79 e cuja espessura é de 10^{-6} m, a fração do feixe de partículas – tendo em vista que Geiger e Marsden esperavam ângulos de espalhamentos maiores que 90° – é de, aproximadamente:

a) 10^{-5}.
b) 10^{-4}.
c) 10^{-3}.
d) 10^{-2}.

Considere: A densidade do ouro $\rho_0 = 19,3 \ g/cm^3$ e $N_A = 6,02 \times 10^{23}$ átomos/mol.

Gabarito: b

Feedback do exercício: Determinamos esse problema pela Equação 4.11. Entretanto, devemos, antes de tudo, determinar o número de núcleos por unidade de volume, dado pela Equação 4.9, e o valor de b, definido na Equação 4.3. Nesse caso, teremos o seguinte:

$$n = \frac{19,3 \cdot 6,02 \times 10^{23}}{197}$$

$$n = 5,98 \times 10^{28} \text{ átomos}$$

O valor de b será, portanto:

$$b = \frac{2 \cdot 79 \cdot 1,44}{2 \cdot 5 \times 10^6}$$

$$b = 2,28 \times 10^{-14} \text{ m}$$

Nesse caso, substituindo esses valores na Equação 4.11, teremos:

$$f = 9,6 \times 10^{-5} \approx 10^{-4}$$

Na figura a seguir, podemos ver o número total de átomos da folha metálica na área coberta pelo feixe.

Figura 4.7 – Número total de átomos

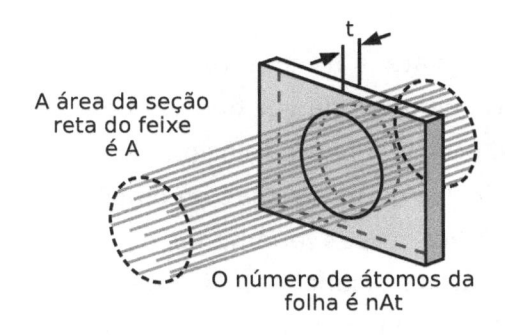

Fonte: Tipler; Llewellyn, 2017, p. 101.

Munido de bons resultados experimentais, Rutherford chegou à conclusão de que o número total de partículas α com ângulo de espalhamento maior do que um ângulo θ qualquer seria, portanto, uma função do número atômico Z dos átomos do alvo, bem como da espessura da folha, da intensidade do feixe incidente e da energia cinética das partículas. Assim, a relação seria:

Equação 4.12

$$\Delta N = \left(\frac{I_0 A n t}{r^2}\right)\left(\frac{kZe^2}{2E_k}\right)^2 \frac{1}{\operatorname{sen}^4 \frac{\theta}{2}}$$

Como ocorreu uma excelente concordância com os resultados experimentais, a Equação 4.12 tornou-se responsável por estabelecer o modelo de Rutherford como promissor para a descrição do átomo de hidrogênio.

Para saber mais

Como ciência exata, a física deve ser verificada experimentalmente, uma vez que uma gama de fenômenos, principalmente relacionados à estrutura da matéria (física quântica), são de difícil realização. Podemos verificar esses fenômenos por meio de simulações computacionais. No *link* a seguir, você poderá realizar uma simulação para o espalhamento de Rutherford.

ESPALHAMENTO de Rutherford. PhET Interactive Simulations. University of Colorado Boulder. Disponível em: <https://phet.colorado.edu/pt_BR/simulation/rutherford-scattering>. Acesso em: 9 jun. 2021.

4.4 Modelo atômico de Bohr

Em 1913, o físico dinamarquês Niels Bohr foi à Inglaterra em busca de mais uma colaboração científica e de discussões sobre os resultados do modelo de Rutherford. Primeiramente, ele foi ao Laboratório Cavendish junto com J. J. Thomson e, em seguida, visitou a Universidade de Manchester, onde trabalhou com o próprio Rutherford e seu grupo. Mesmo Bohr sendo um físico teórico, ele acompanhou de perto os trabalhos de Geiger e Marsden, assim como o desenvolvimento do modelo do átomo nuclear proposto por Rutherford, com o qual teve discussões positivas.

Por volta de 1915, Bohr apresentou um modelo para o átomo de hidrogênio. Esse modelo apresentava ideias de Rutherford que tiveram origem nos trabalhos de Planck para o corpo negro e de Einstein para o efeito fotoelétrico na quantização da energia dos sistemas físicos.

Bohr conseguiu introduzir ideias tão extraordinárias da física clássica quanto aquelas de Planck sobre a radiação do corpo negro. Ele conseguiu desenvolver um modelo simples que, além de garantir todas as características observadas para o modelo de Rutherford, fornecia a estabilidade ao átomo (o grande problema do modelo de Thomson) e, ainda, previa as séries espectrais observadas para o átomo de hidrogênio, determinando, portanto, a origem das séries empíricas de Balmer e Rydberg (Ribas, 2014).

Podemos considerar que o **modelo de Bohr** está fundamentado no que chamamos de *postulados de Bohr* para o modelo do átomo de hidrogênio. São eles:

1. No átomo, o elétron se move em órbitas circulares, cujo movimento é descrito em termos das leis gerais da mecânica e da eletrostática, com a limitação de que apenas algumas órbitas são possíveis, sendo essas determinadas pela imposição de que o momento angular do elétron deve ser um múltiplo inteiro de $h/2\pi$.
2. Enquanto descreve o movimento acelerado em sua órbita, o elétron não irradia energia como prevê a teoria eletromagnética clássica.
3. O elétron pode saltar de uma órbita para outra. Se ele "pula" espontaneamente de uma órbita em que sua energia total é E_i para uma outra de energia menor E_f, a energia perdida é emitida na forma de radiação, cuja frequência é dada pela relação $v = \dfrac{E_i - E_f}{h}$. (Ribas, 2014, p. 80)

É válido destacar que o modelo proposto por Bohr só pode ser aplicado a átomos com um só elétron, como o átomo de hidrogênio, ou a átomos ionizados de outros elementos químicos cujo elétron permanece ligado ao núcleo. Nesse caso, podemos considerar um átomo que orbite em torno do núcleo em uma trajetória circular. Esse átomo constituído de apenas um núcleo, cuja carga é Ze e a massa total é M, permanece ligado a um único elétron, cuja carga é de −e e a massa é *m*. A figura a seguir ilustra a ideia de Bohr para as órbitas do elétron em um átomo de hidrogênio.

Figura 4.8 – Modelos clássicos e quânticos para o movimento do elétron

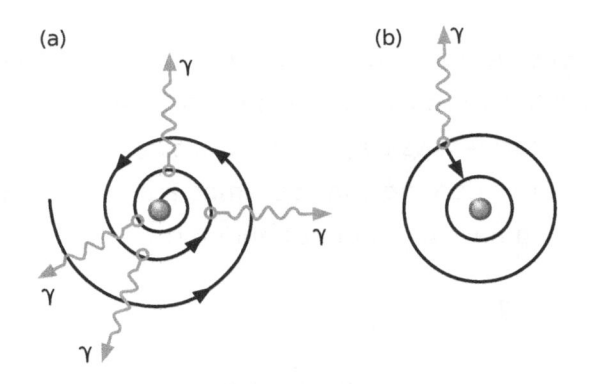

Fonte: Tipler; Llewellyn, 2017, p. 104.

Na Figura 4.8, há duas situações. Na situação (a), que representa o modelo clássico, a órbita do elétron descreve uma espiral em direção ao núcleo, fato que ocorre porque, segundo a teoria clássica, o elétron deveria estar sempre irradiando energia. Na situação (b), a ideia de Bohr se fundamenta no fato de que o elétron só irradia energia quando executa uma transição para uma órbita menor.

Considerando *v* sua velocidade, pelas leis da mecânica clássica, a condição de equilíbrio é estabelecida quando a força eletrostática com o produto da massa do elétron equivale à força centrípeta. Nessas condições, obtemos:

Equação 4.13

$$\frac{1}{4\pi\varepsilon_0} \frac{Ze^2}{r^2} = \frac{mv^2}{r}$$

Se considerarmos o primeiro postulado de Bohr, podemos levar em consideração o fato de que os raios possíveis para essas trajetórias (órbitas) devem ser determinados quando consideramos a condição de quantização para o momento angular:

Equação 4.14

$$mrv = n\hbar$$

Quando substituímos *v* na Equação 4.13, obtemos:

Equação 4.15

$$\frac{1}{4\pi\varepsilon_0} \frac{Ze^2}{r^2} = \frac{n^2\hbar^2}{mr^2}$$

Resolvendo *r*, podemos encontrar os raios das órbitas:

Equação 4.16

$$r = \frac{4\pi\varepsilon_0 n^2 \hbar^2}{mZe^2}$$

Ainda podemos escrever a Equação 4.16 em termos de uma constante, que definiremos como:

Equação 4.17

$$a_0 = \frac{4\pi\varepsilon_0 \hbar^2}{me^2}$$

Essa constante é chamada de **raio de Bohr** e assume o valor numérico de:

$$a_0 = 0{,}0529 \text{ nm}$$

As velocidades orbitais podem ser determinadas seguindo a mesma ideia:

Equação 4.18

$$v = \frac{n\hbar}{mr} \rightarrow v = \frac{Ze^2}{4\pi\varepsilon_0 n\hbar}$$

Como a energia total de uma partícula é dada pela soma da energia cinética com a energia potencial, obtemos o seguinte:

Equação 4.19

$$E_C = \frac{mv^2}{2} \rightarrow E_C = \frac{Ze^2}{8\pi\varepsilon_0 r}$$

Já a energia potencial equivale a:

Equação 4.20

$$E_P = -\frac{Ze^2}{4\pi\varepsilon_0 r}$$

Dessa forma, a energia total pode ser determinada como:

Equação 4.21

$$E = -\frac{1}{2}\frac{Ze^2}{4\pi\varepsilon_0 r}$$

Substituindo a expressão para o raio das órbitas obtido anteriormente, teremos para a energia dos elétrons em função de *n* a expressão:

Equação 4.22

$$E_n = -\frac{mZ^2e^4}{(4\pi\varepsilon_0)^2}\frac{1}{2\hbar^2 n^2}$$

Levando em consideração o terceiro postulado de Bohr, sabemos que a energia emitida na forma de radiação – quando o elétron passa de uma órbita de energia E_n para outra de energia mais baixa, E_m – é dada por:

Equação 4.23

$$h\nu = E_n - E_m$$

Assim, o número de onda $k = \nu/c$ será:

Equação 4.24

$$k = R_\infty Z^2 \left(\frac{1}{n^2} - \frac{1}{m^2}\right)$$

Nessa equação, a constante de Rydberg é definida como:

$$R_\infty = \left(\frac{1}{4\pi\varepsilon_0}\right)^2 \frac{me^2}{4\pi\hbar^3 c}$$

Essa equação é válida para um átomo de massa infinita. Se considerarmos a massa finita do átomo, a Equação 4.24, que define o número de onda, pode ser alterada ao substituirmos R_∞ por:

Equação 4.25

$$R = R_\infty \frac{M}{m+M}$$

Com os valores experimentais obtidos naquela época, foi possível verificar que a previsão de Bohr estava de acordo com o valor da constante R. Atualmente, há os valores recomendados para as constantes fundamentais. A constante R calculada pelo modelo de Bohr reproduz o incrível valor da constante R dentro de 1 parte em 100 000.

Exercício resolvido

O modelo de Bohr para o átomo de hidrogênio foi, sem dúvidas, um dos maiores feitos da física no início do século passado. Por meio dele foi possível determinar com exatidão os níveis de energia, e estes, por sua vez, ficaram em concordância com dados experimentais. Podemos determinar com precisão os comprimentos de onda das transições entre os níveis de energia. Dessa maneira, a segunda linha da série de Balmer para o modelo de Bohr, associada à transição m = 2 e n = 4, será de:

a) 486 nm.
b) 500 nm.
c) 525 nm.
d) 455 nm.

Gabarito: b

Feedback **do exercício**: Podemos determinar o comprimento de onda por meio da Equação 4.2. Realizando uma substituição direta dos termos, teremos o seguinte:

$$\frac{1}{\lambda} = 1,097 \times 10^{-9} \left(\frac{1}{2^2} + \frac{1}{4^2} \right)$$

Isso nos fornece como resultado o seguinte valor:

$$\lambda = 486 \text{ nm}$$

Na figura a seguir, apresentamos o diagrama para os níveis de energia do átomo de hidrogênio com a separação explícita das séries de Lyman, Balmer e Paschen.

Figura 4.9 – Níveis de energia para o átomo de hidrogênio

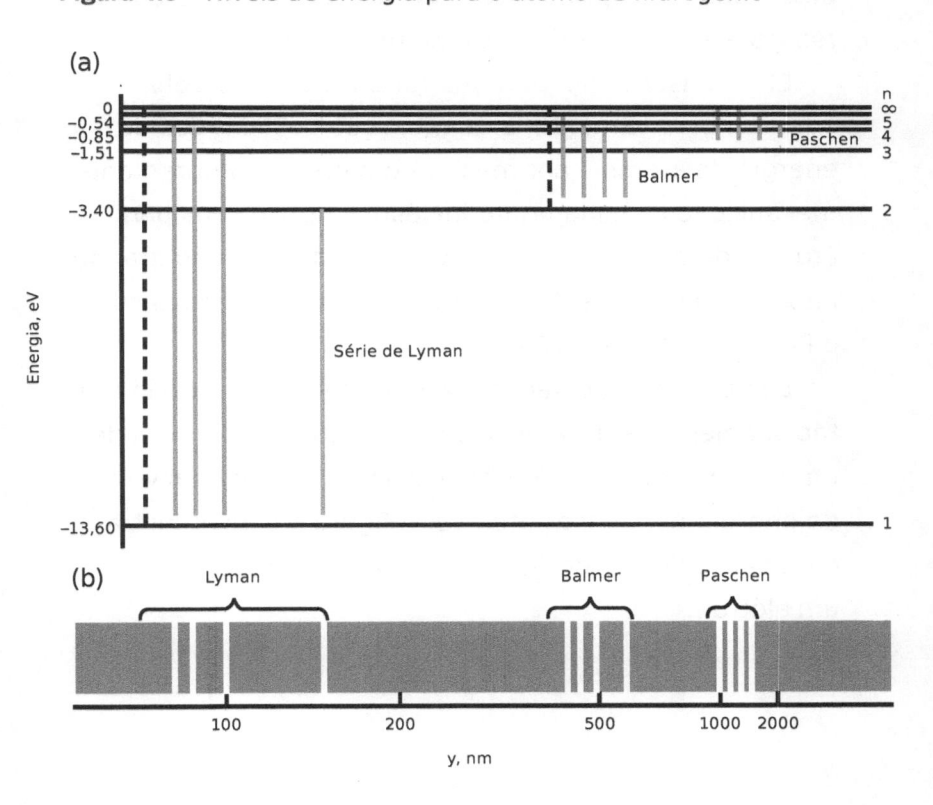

Fonte: Tipler; Llewellyn, 2017, p. 106.

Mesmo justificando com sucesso os níveis de energia, o modelo atômico de Bohr ainda trazia um detalhe a ser questionado: o fato de não mostrar, de forma clara e com um cunho experimental, a quantização para esses estados de energia. Esse fato foi apontado em 1914 pelo trabalho de James Franck e Gustav Hertz, os quais realizaram um experimento muito simples.

Eles conseguiram demonstrar o modelo de Bohr – ou, mais precisamente, a quantização dos estados de energia do átomo – por meio de um processo puramente mecânico: o espalhamento inelástico de elétrons por átomos de mercúrio. Esse experimento foi de tão grande importância que os dois cientistas foram laureados com o Prêmio Nobel de 1925.

É importante destacar que o modelo de Bohr não era tão simples de ser demostrado para átomos de mais de um elétron, ou seja, ele não permitia calcular os níveis de energia para esses átomos. A figura a seguir ilustra o modelo atômico de Bohr para átomos de mais de um elétron.

Figura 4.10 – Níveis de energia de Bohr para átomos de mais de um elétron

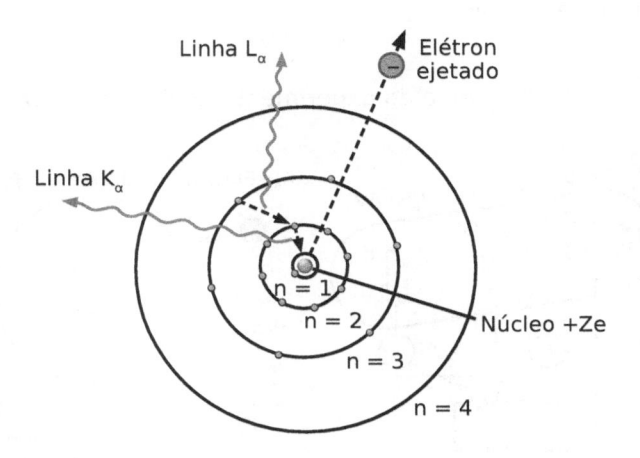

Fonte: Tipler; Llewellyn, 2017, p. 110.

Na Figura 4.10, podemos conferir o modelo atômico de Bohr para os níveis de energia n = 1, 2, 3, 4. Os raios das órbitas são proporcionais a n^2, e quando temos átomos com números atômicos altos, ocorre a emissão de raios X.

Em um depoimento dado por Franck no início dos anos de 1960, ele explica que, quando realizaram o experimento, não sabiam ainda do modelo proposto por Bohr alguns meses antes. O principal objetivo do experimento era encontrar a energia de ionização do átomo, e não verificar a quantização dos níveis de energia, como era pensado.

O aparato experimental para o experimento de Franck-Hertz pode ser visto de forma esquemática na figura a seguir.

Figura 4.11 – Esquema do experimento de Franck-Hertz

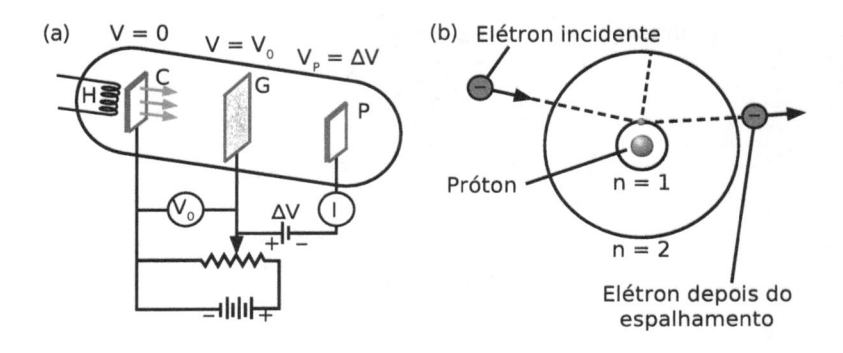

Fonte: Tipler; Llewellyn, 2017, p. 113.

Na Figura 4.11 há duas situações. Na situação (a), temos esquematicamente o aparato experimental realizado por Franck-Hertz, no qual podemos ver elétrons sendo ejetados do cátodo aquecido e sendo atraídos pela grade positiva. Na situação (b), temos os possíveis resultados para o hidrogênio. Perceba que o elétron incidente não tem energia suficiente para transferir uma quantidade de energia significativa para o elétron de hidrogênio, que, por sua vez, está ocupando o estado fundamental.

De uma maneira mais detalhada, podemos dizer que os elétrons são emitidos pelo catodo aquecido C com energia cinética muito pequena. Quando aplicamos uma diferença de potencial V_0 entre o cátodo e a grade G, o elétron sofre uma aceleração. Nesse caso, sua energia cinética aumenta progressivamente até atingir um valor eV_0 nas proximidades da grade. Existe entre a grade e a placa coletora P um espaço em que pode ser aplicada uma pequena diferença de potencial retardadora $V_P = \Delta V$, de modo que os elétrons, ao ultrapassar a grade G, recebam uma energia cinética mínima para poder chegar à placa P.

Tomando pequenos valores do potencial que causa a aceleração dos elétrons V_0, a corrente de elétrons que chega na placa coletora, medida pelo amperímetro I, é muito pequena. Isso ocorre porque uma nuvem de elétrons lentos é formada nas proximidades do cátodo pelos próprios elétrons que são emitidos. Essa distribuição de carga negativa cria um potencial que impede que outros elétrons sejam ejetados do cátodo. Se aumentarmos V_0, os elétrons da parte externa da nuvem serão acelerados em direção à grade. Nesse caso, ocorre uma diminuição do tamanho da nuvem, que permite que mais elétrons sejam emitidos do cátodo. Assim, a corrente medida na placa cresce à proporção que V_0 aumenta.

De acordo com Ribas (2014), a realização da experiência se faz com a introdução de uma gota de mercúrio no interior do tubo, no qual se considera um estado de vácuo. Quando o tubo é aquecido a temperaturas próximas de 150 °C, percebe-se que uma pequena fração do mercúrio se transforma em vapor, o qual preenche todo o volume do tubo.

Os elétrons que estão entre o cátodo e a grade passam a colidir com os átomos de mercúrio ao longo do caminho. Se tivéssemos colisões elásticas, considerando-se que o átomo de mercúrio é muito mais pesado que o elétron, perceberíamos que praticamente não haveria perda de energia dos elétrons durante as colisões. Dessa forma, o número de elétrons que chegam à placa não seria afetado.

No entanto, se considerarmos uma quantidade de vapor de mercúrio ao aumentarmos o potencial acelerador para um valor maior que 4,9 V, perceberemos que a corrente cai de forma repentina e brusca. Assim, podemos interpretar esse fenômeno considerando que os elétrons, ao atingirem a energia um pouco acima de 4,9 eV, colidem de forma inelástica com os átomos de mercúrio, cedendo praticamente toda sua energia cinética. É válido destacar que isso ocorre nas proximidades da grade para 4,9 eV (Ribas, 2014).

De acordo com Ribas (2014), os elétrons não têm energia suficiente para atravessar a região de potencial e atingir a placa coletora. Com esses resultados, Franck e Hertz concluíram que o átomo estava sendo ionizado. Quando aumentamos ainda mais o potencial acelerador V_0, os elétrons continuam a ionizar os átomos de mercúrio; porém, nesse caso, sobra energia cinética suficiente para atravessar a região de potencial retardador, o que permite chegar, portanto, ao ânodo. Assim, a corrente I volta a aumentar.

Para surpresa dos dois pesquisadores, essa não era a energia de ionização do mercúrio, mas sim uma excitação do átomo de mercúrio. Realmente, a diferença de energia de 4,9 eV corresponde à diferença entre o estado fundamental (menor energia) e o próximo estado de energia (primeiro estado excitado) do Hg. É fato que os elétrons com energia menor a 4,9 eV não podem, em hipótese alguma, fazer colisões inelásticas, uma vez que não há um estado disponível para o átomo absorver essa quantidade de energia. Para o espectro do átomo de mercúrio, existem inúmeras raias, mas a mais intensa, a fonte principal da luz emitida pelas lâmpadas modernas de Hg, tem comprimento de onda de 2 530 A, bem conhecido na época (Ribas, 2014).

A relação de Einstein para essa raia do Hg é:

$E = \dfrac{hc}{\lambda} = 4,9$ eV. Franck e Hertz colocaram, ainda, o tubo com vapor de Hg, com potencial acelerador $V_0 = 4,9$ V, em um espectrômetro e observaram que o espectro continha somente uma raia, a de 2 530 A. Com esses resultados, foi comprovada a relação entre os estados de energia quantizados e as raias dos espectros atômicos (Ribas, 2014).

Na experiência de Franck-Hertz, quando aumentamos mais a tensão, a corrente recomeça a subir. Entretanto, quando $V_0 = 10$ V, ela começa a cair novamente. Assim, os elétrons, saindo do cátodo, ganham, em algum ponto entre o cátodo e a grade, energia maior que 4,9 eV. Essa energia é suficiente para realizar uma colisão inelástica, transferindo 4,9 eV de sua energia para o átomo de Hg (Ribas, 2014). Eles continuam sendo acelerados e, quando chegam às proximidades da grade, têm novamente energia cinética ligeiramente superior a 4,9 eV, colidindo novamente em uma colisão inelástica (Ribas, 2014). A energia restante não é suficiente para atravessar a barreira de potencial, razão por que a corrente cai novamente. Isso se repete cada vez que a tensão de aceleração é ligeiramente maior que um múltiplo de 4,9 V, conforme demonstra o gráfico a seguir.

Gráfico 4.2 – Variação do potencial com a corrente

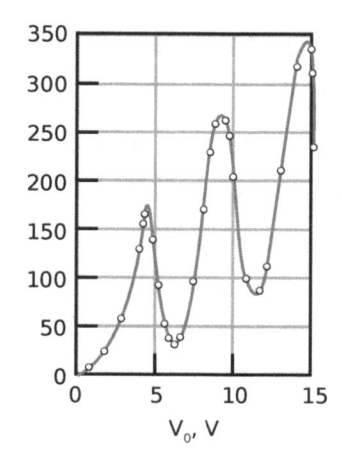

Fonte: Tipler; Llewellyn, 2017, p. 114.

Existem dois fatos no experimento de Franck-Hertz que podemos considerar, de certa forma, bastante curiosos. As dimensões dos tubos de Franck-Hertz modernos, fabricados comercialmente para uso em laboratórios didáticos, são bem menores que as do tubo original, construído por Franck e Hertz. Para esses equipamentos, a pressão de operação do vapor de Hg é muito maior que a do tubo original. Considerando-se esse fato, a probabilidade de colisão elástica de elétrons lentos com átomos de Hg é enorme, e o gás se torna um meio opaco para esses elétrons, com energia 4,9 eV (Nussenzveig, 2014).

Nessas condições, os elétrons com baixa energia próximos à grade não chegam à placa, mesmo que uma diferença de potencial entre G e P seja aceleradora. Esse fato sobre as colisões elásticas, desconhecido na época, poderia ter causado muitos problemas para Franck e Hertz comprovarem o funcionamento do método. Outra curiosidade está relacionada às observações feitas pelos alunos da disciplina Laboratório de Estrutura da Matéria II, ministrada no Instituto de Física da Universidade de São Paulo (IFUSP), em 1988.

> Neste ano, as medidas de IxV, antes feitas manualmente, foram automatizadas, introduzindo-se um graficador eletromecânico. Isso deu uma significativa melhoria na qualidade (precisão) dos dados experimentais e pudemos observar que a diferença de tensão entre os picos [...] não era

constante, mas aumentava à medida que a tensão de aceleração aumentava. Passamos a coletar dados de todas as equipes, para se obter valores médios com bom significado estatístico. Estava convencido que o efeito era devido a erro sistemático introduzido pela inércia mecânica da pena do graficador. Logo a seguir, passamos a utilizar uma placa de digitalização acoplada a um microcomputador (Apple II – os primeiros a surgir na USP) e o efeito continuou, embora não houvesse mais o problema de inércia do sistema mecânico. (Ribas, 2014, p. 90)

A comprovação das previsões do modelo de Bohr e os resultados experimentais foram determinantes para que esse modelo tivesse o sucesso mais que merecido. No entanto, do ponto de vista de uma estrutura organizada nos conhecimentos da mecânica e do eletromagnetismo, a situação da física quântica era bastante caótica. Planck havia postulado a quantização da energia de um oscilador:

Equação 4.26

$$E = nh\nu$$

Por sua vez, Bohr introduziu a quantização do momento angular de acordo com a expressão:

Equação 4.27

$$L = \frac{nh}{2\pi}$$

Com essa expressão, ele resolveu um problema, que era fazer com que as energias das órbitas atômicas fossem também quantizadas, mas com uma relação diferente daquela encontrada por Planck.

No meio dessas novas ideias, outra que aparentemente era totalmente desconexa com relação às anteriores foi introduzida em 1916 por Wilson e Sommerfeld. Esses conjuntos de ideias ficaram conhecidos como **regra de quantização de Wilson-Sommerfeld**. De acordo com esses estudiosos, para qualquer sistema físico com movimento periódico, sendo $\vec{p}$ o momento associado à coordenada de posição $\vec{r}$, tem-se que:

Equação 4.28

$$\oint p\,dq = n_q h$$

A integral vista na Equação 4.28 é bastante conhecida na mecânica e é chamada *integral de ação* ou, simplesmente, *ação*. As variáveis q e p são, por exemplo, x e p_x, no caso de um oscilador harmônico, ou f e L, no caso de uma partícula descrevendo um movimento circular. Consideremos, por exemplo, o caso de um oscilador harmônico de massa *m* sob ação de uma força do tipo definida pela lei de Hooke:

Equação 4.29

$$F = -kx$$

A equação do movimento é obtida pela aplicação da segunda lei de Newton:

Equação 4.30

$$m\frac{d^2x}{dt^2} = -kx$$

Essas regras de quantização propiciaram, entre outros, a obtenção, pelo próprio Sommerfeld, de uma constante muito presente na física quântica, a chamada **constante de estrutura fina para os espectros atômicos**, definida como:

Equação 4.31

$$\alpha = \frac{1}{4\pi\varepsilon_0}\frac{e^2}{\hbar^2} \cong \frac{1}{137}$$

Para os espectros atômicos de alta resolução, os resultados mostravam que algumas linhas eram, na verdade, duplas ou triplas, detalhes que somente foram totalmente esclarecidos como estrutura fina dos espectros. O próprio Sommerfeld admitiu a possibilidade de órbitas elípticas que possuíssem diferentes excentricidades.

Mesmo a regra de quantização de Wilson-Sommerfeld sendo ainda muito limitada, podemos destacar que ela só é válida para sistemas com movimento periódico. Ainda assim, foi um grande avanço na compreensão dos sistemas físicos na estrutura da matéria. É válido mencionar que essas regras também não explicavam, por exemplo, o fato de haver uma falha por parte da teoria clássica ou o sucesso de outras partes, uma vez que, no modelo de Bohr, a lei de forças de Coulomb era válida, ao passo que as de radiação não o eram.

Nessa perspectiva, era necessária uma relação entre essas duas "realidades". Essa relação entre os resultados clássicos e os da teoria quântica foi introduzida por Bohr, por volta de 1923, segundo a qual as previsões da teoria quântica devem corresponder aos resultados das teorias clássicas no limite de grandes números quânticos. Esse enunciado ficou conhecido como **princípio de correspondência**.

Esse princípio é, de certa forma, tão importante que marca o que podemos definir como uma divisão no estudo da mecânica quântica. Todo conjunto de conhecimentos sobre a teoria quântica, desde os postulados de Planck até o princípio de correspondência de Bohr, é o que chamamos hoje de a **velha mecânica quântica**. Todas as ideias sobre a natureza ondulatória das partículas que foram introduzidas por De Broglie desencadearam o desenvolvimento de uma teoria completa: a **mecânica quântica** ou **mecânica quântica ondulatória**.

Síntese

- O primeiro modelo atômico foi o proposto por Thomson. Embora satisfizesse algumas propriedades químicas, esse modelo não foi promissor, uma vez que não trouxe uma das maiores características para a estrutura da matéria: a estabilidade atômica.
- O modelo de Thomson foi substituído pelo promissor modelo atômico de Rutherford, que, além de confirmar algumas previsões do modelo de Thomson, justificou com muita precisão a estabilidade do átomo.
- No modelo atômico de Rutherford existia uma quantidade no interior do átomo que era muito menos que o átomo todo. Essa quantidade, denominada *núcleo*, possuía uma massa incrivelmente maior que a massa dos elétrons.
- O modelo de Rutherford foi comprovado experimentalmente por meio de colisões dos elétrons com o núcleo e da observação de seu resultado depois da colisão. Esse fenômeno ficou conhecido como *espalhamento de Rutherford*.

- O modelo atômico de Bohr foi uma das maiores conquistas da física quântica no início do século passado. Nesse modelo, ele previu que os elétrons não emitiam radiação em certas órbitas, as quais denominou *estados estacionários*.
- O modelo de Bohr é o atual modelo usado para a compreensão da estrutura da matéria, bem como de suas propriedades.

Teoria de Schrödinger

5

Conteúdos do capítulo:

- Vetores e funções de estado.
- Autovalores e autovetores.
- Equação de Schrödinger.
- Densidade de probabilidade.
- Partícula livre.

Após o estudo deste capítulo, você será capaz de:

1. identificar os conceitos matemáticos fundamentais para o desenvolvimento da teoria de Schrödinger;
2. definir um autoestado e uma autofunção de Schrödinger;
3. desenvolver e resolver a equação de Schrödinger para o caso unidimensional;
4. compreender a interpretação probabilística de Max Born para a função de onda de Schrödinger;
5. interpretar a solução da equação de Schrödinger para a partícula livre.

Neste capítulo, abordaremos a equação fundamental que rege as propriedades e a dinâmica do mundo subatômico: a equação de Schrödinger, que, assim como a segunda lei de Newton, é responsável por fornecer a dinâmica de partículas que ocorre em nosso cotidiano. É válido destacar que, diferentemente da segunda lei de Newton, a equação de Schrödinger é uma equação de onda, uma vez que o conceito de partícula, do ponto de vista da física quântica, recebe um conceito extraordinariamente diferente daquele compreendido pela física clássica.

Podemos considerar o desenvolvimento dessas propriedades da matéria como uma das maiores conquistas de toda a ciência, uma vez que, desde tempos remotos, o homem busca compreender o que se passa e como funciona o mundo atômico. Os gregos antigos foram os primeiros a propor que a matéria é constituída de partículas indivisíveis – os átomos. Embora a ideia do átomo esteja correta, ele pode se dividir em partículas ainda menores, como elétrons e prótons.

5.1 Vetores de estado

Seria uma tarefa quase impossível descrever as propriedades da equação de onda que governa osfenômenos quânticos sem antes explicar o formalismo matemático usado em sua descrição. Podemos considerar que esse formalismo está fundamentado na álgebra linear. Inicialmente, faremos uma introdução a respeito dos conceitos matemáticos fundamentais dessa álgebra para que tenhamos uma visão mais ampla dos princípios da famosa **mecânica quântica**.

Sabemos que, em um espaço vetorial qualquer, uma matriz-coluna pode ser definida como um vetor. A dimensão desse espaço vetorial é proporcional ao número de elementos da matriz: se ela tiver três elementos, o espaço terá três dimensões, e assim sucessivamente. Nessas condições, podemos considerar um estado geral de polarização linear descrito pela condição de normalização $\begin{pmatrix} c_1 \\ c_2 \end{pmatrix}$, de modo que:

Equação 5.1

$$|c_1|^2 + |c_2|^2 = 1$$

Essa condição é de grande importância, uma vez que pode ser aplicada não somente à polarização linear, mas também a qualquer estado de polarização.

A partir de agora, introduziremos uma notação mais formal para descrever o chamado **vetor de estado**, conhecida como *notação de Dirac* – assim chamada em homenagem a Paul A. M. Dirac. Nela, um vetor-coluna que está associado à polarização linear é definido como:

Equação 5.2

$$|\theta\rangle = \begin{pmatrix} \cos\theta \\ \sin\theta \end{pmatrix}$$

Esse vetor de estado corresponde a essa polarização. O vetor-linha, então, pode ser definido como:

Equação 5.3

$$\langle\theta| = \begin{pmatrix}\cos\varphi & \operatorname{sen}\varphi\end{pmatrix}$$

Dessa forma, o produto entre esses dois vetores pode ser definido como:

Equação 5.4

$$\langle\varphi|\theta\rangle = \begin{pmatrix}\cos\varphi & \operatorname{sen}\varphi\end{pmatrix}\begin{pmatrix}\cos\theta \\ \operatorname{sen}\theta\end{pmatrix} = \cos(\theta-\varphi)$$

É válido destacar que esses vetores, na notação de Dirac, recebem nomes especiais. O vetor $|\cdots\rangle$ é chamado de *bra* e o vetor $\langle\cdots|$, de *ket*. Por isso, o produto $\langle\cdots|\cdots\rangle$ é conhecido como *braket*, ou *colchete de Dirac*. Nesse caso, a probabilidade é dada por:

Equação 5.5

$$P(\varphi,\theta) = |\langle\varphi|\theta\rangle|^2$$

As componentes complexas do vetor são definidas de acordo com a seguinte relação:

Equação 5.6

$$\langle c| = \begin{pmatrix} c_1^* & c_2^* \end{pmatrix}$$

O asterisco significa o conjugado complexo. Nessas condições, o produto escalar será definido como:

Equação 5.7

$$\langle a|b\rangle = \begin{pmatrix} a_1^* & a_2^* \end{pmatrix}\begin{pmatrix} b_1 \\ b_2 \end{pmatrix} = a_1^* b_1 + a_2^* b_2$$

A norma do vetor $\|\lvert c\rangle\|^2$ é definida como:

Equação 5.8

$$\|\lvert c\rangle\|^2 = \langle c|c\rangle = |c_1|^2 + |c_2|^2 = 1$$

Nesse ponto, podemos apresentar duas regras básicas referentes aos estados de polarização. A primeira diz respeito apenas ao estado de polarização em si, ao passo que a segunda trata de um caso mais particular, o caso de polarização circular.

5.1.1 Primeira regra

O estado quântico de polarização de um fóton é representado pelo vetor de estado:

$$|\theta\rangle = \begin{pmatrix} c_1 \\ c_2 \end{pmatrix}, \text{ tal que } \||c\rangle\|^2 = \langle c|c \rangle = 1$$

Um fato importante é que essa representação não é unívoca. Dado um estado de polarização descrito pelo vetor $|\theta\rangle = \dfrac{1}{\sqrt{2}} \begin{pmatrix} e^{-i\theta} \\ e^{+i\theta} \end{pmatrix}$, isso nos leva ao resultado, com base no produto vetorial:

$$\langle \varphi | \theta \rangle = \frac{1}{\sqrt{2}} \begin{pmatrix} e^{+i\varphi} & e^{-i\varphi} \end{pmatrix} \cdot \frac{1}{\sqrt{2}} \begin{pmatrix} e^{-i\theta} \\ e^{+i\theta} \end{pmatrix}$$

Assim, chegamos ao seguinte resultado:

Equação 5.9

$$\langle \varphi | \theta \rangle = \cos(\theta - \varphi)$$

No que diz respeito à polarização circular, todas as vezes que fazemos passar um fóton em um analisador, de modo que o eixo esteja orientado na direção ϕ, na verdade estamos observando a polarização linear do fóton nessa direção. Salientamos nos capítulos anteriores que, em um experimento de fendas duplas para uma partícula, não existe uma fração de partícula que passa parcialmente através de uma das fendas: ou ela passa ou não passa pela fenda.

Podemos considerar o mesmo caso para o estado de polarização dos fótons. De modo geral, o experimento revela duas propriedades importantes:

1. O fóton passa ou não passa nessa direção, ou seja, só temos duas possíveis observações (observação binária).
2. Só existe um estado para o qual temos certeza que o fóton se propaga: o estado $|\theta\rangle$.

5.1.2 Segunda regra

A segunda regra diz respeito à probabilidade de que o fóton passe pelo analisador.

Se um fóton é preparado para um estado de polarização $|a\rangle$, a probabilidade de que seja observado com polarização $|b\rangle$ em uma observação binária é de:

$$P(a,b) = |\langle b | a \rangle|^2$$

5.2 Medidas físicas: observáveis e observadores

Uma grandeza física pode ser medida nas mais variadas formas do ponto de vista clássico. Entretanto, podemos nos perguntar: Como uma grandeza pode ser medida e representada no contexto da física quântica? Em outras palavras, que grandezas são passíveis de observação nesse regime de energia?

Na física quântica, toda grandeza que pode ser medida é chamada de **observável**. O momento angular de uma partícula – a polarização de um fóton, por exemplo – é observável. É válido destacar que o resultado de uma medida não precisa, necessariamente, ser "sim" ou "não", como no exemplo que citamos na seção anterior. O importante é que esses observáveis podem ser representados por qualquer valor numérico, desde que sejam **valores reais**.

Neste capítulo, iremos nos restringir a uma categoria de observáveis que só podem assumir um número finito de valores. Os resultados de uma observação A **(observador A)** só podem ser números reais $a_1, a_2, ..., a_n$. A priori, assumiremos que existe apenas um estado quântico $|e_j\rangle$ para o qual o valor de A assume valores a_j. Voltando para a segunda regra: dado o observador A "aplicado" a um estado quântico $|e_j\rangle$ teremos um valor a_k avaliado em duas possibilidades possíveis. Esse valor existe se j = k (isso equivale à resposta: "Sim, existe esse valor a_k"); ou não existe, se j ≠ k.

Em outras palavras, se tomamos um fóton no estado $|e_j\rangle$ a probabilidade de que a medida de A reproduza o resultado a_k, ou seja, que o fóton seja observado no estado $|e_k\rangle$, é de:

Equação 5.10

$$\langle e_k | e_j^2 \rangle = \delta_{kj}$$

Nesse caso, os í-ndices *k* e *j* variam com os números inteiros. De uma forma mais direta, as fases dos vetores de estado são definidas como:

Equação 5.11

$$\langle e_k | e_j \rangle = \delta_{kj}$$

Isso revela uma propriedade importante, a de que os vetores $|e_1\rangle, |e_2\rangle, \cdots |e_n\rangle$ formam um conjunto ortonormal de *n* vetores de estado. Como demonstramos anteriormente, se a dimensão do espaço é proporcional ao número de elementos da matriz, podemos afirmar que a dimensão do espaço dos estados equivale ao número máximo de valores que uma grandeza observável nesse espaço pode tomar.

A figura a seguir ilustra esse resultado. Um feixe de luz incide sobre um cristal e dá origem a apenas dois feixes que são transmitidos. Esses feixes transmitidos têm polarizações lineares e ortogonais; assim, temos dois estados quânticos de polarização do fóton.

Figura 5.1 – Estados de polarização

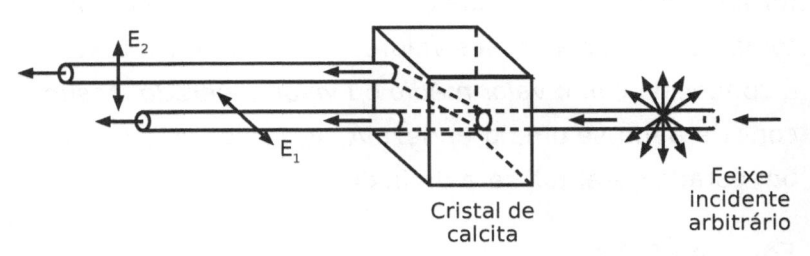

Fonte: Nussenzveig, 2014, p. 247.

Para um estado de polarização circular, temos duas possíveis soluções – dado, é claro, um fator de fase arbitrário:

Equação 5.12

$$|+\rangle = \frac{1}{\sqrt{2}}\begin{pmatrix}1\\i\end{pmatrix} \quad |-\rangle = \frac{1}{\sqrt{2}}\begin{pmatrix}1\\-i\end{pmatrix}$$

Para um estado geral de polarização $|u\rangle$ para um fóton, é importante destacar que dada grandeza não tomará um valor definido, e ele pode tomar dois valores possíveis. Aquele valor definido só acontece quando ele se encontra exatamente no estado $|e_j\rangle$. Costuma-se dizer que, no caso geral, haverá apenas probabilidades p_1 e p_2 dadas pela segunda regra. Assim, poderemos ter uma generalização dessa regra, de modo que essas probabilidades sejam:

$$p_1 = |\langle e_1|u\rangle|^2 \quad e \quad p_2 = |\langle e_2|u\rangle|^2$$

Se tivermos muitas observações, não teremos como fornecer o estado de cada um individualmente. Para isso, tomamos a média desses valores, que, nesse contexto, é conhecida como *valor médio* ou *valor esperado*. Assim, considerando-se uma grandeza A, seu valor médio em um estado geral $|u\rangle$ será definido como:

Equação 5.13

$$\langle A \rangle_u \equiv \sum_{j=1}^{2} p_j a_j$$

5.3 Operadores

Como indicamos anteriormente, os operadores são as quantidades responsáveis por fornecer valores em uma medição. Nesta seção, trataremos, primeiramente, de um operador fundamental, o **operador de projeção**. Na sequência, abordaremos um operador especial, denominado **operador hermitiano**.

Um estado qualquer $|c\rangle$ pode ser escrito na base $|e\rangle$ conforme a relação:

Equação 5.14

$$|c\rangle = |e_1\rangle\langle e_1|c\rangle + |e_2\rangle\langle e_2|c\rangle$$

Podemos escrever essa igualdade de acordo com:

Equação 5.15

$$|c\rangle = \Pi_1|e_1\rangle + \Pi_2|e_2\rangle$$

Nessa equação, teremos, por definição, o operador de projeção dado por:

Equação 5.16

$$\Pi_1 = |e_1\rangle\langle e_1| \quad e \quad \Pi_2 = |e_2\rangle\langle e_2|$$

Nesse sentido, podemos considerar que o operador de projeção que atua em um estado $|c\rangle$ qualquer representa a componente desse estado associada ao estado da base $|e_j\rangle$. A figura a seguir evidencia graficamente o que seria o operador de projeção.

Figura 5.2 – Operador de projeção em um estado qualquer

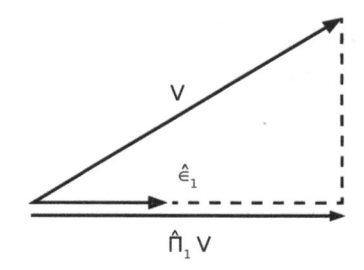

[Figura: vetor V, projeção $\hat{e}_1$, e $\hat{\Pi}_1 V$]

Fonte: Nussenzveig, 2014, p. 250.

Considere, agora, um operador linear qualquer $\hat{A}$. Esse operador pode ser escrito quando temos um sistema de mais de uma componente (espaço tridimensional, por exemplo), de acordo com a seguinte relação:

Equação 5.17

$$\hat{A} = \sum_{i=1}^{2}|e_i\rangle\langle e_i|\hat{A}\sum_{j=1}^{2}|e_j\rangle\langle e_j|$$

Dessa relação podemos extrair uma importante identidade: o **elemento de matriz do operador $\hat{A}$**. É importante destacar que, em mecânica quântica, os estados são representados por vetores e os observáveis, pelos operadores.

Em termos de matrizes, o operador Â pode ser representado de acordo com a seguinte expressão:

Equação 5.18

$$\hat{A} = \begin{pmatrix} A_{11} & A_{12} \\ A_{21} & A_{22} \end{pmatrix}$$

Uma matriz transposta é obtida quando transformamos as linhas em colunas. Se, por acaso, fizermos isso em determinada matriz e tomarmos o complexo conjugado de seus elementos, estaremos diante de uma importante definição, a **matriz conjugada hermitiana,** que pode ser representada por:

Equação 5.19

$$\|A_{ij}^*\| = \begin{pmatrix} A_{11}^* & A_{12}^* \\ A_{21}^* & A_{22}^* \end{pmatrix}$$

Esse fato nos permite definir um operador linear correspondente à Equação 5.19, o qual é denominado *conjugado hermitiano* $\hat{A}^\dagger$ *do operador* $\hat{A}$. Mais adiante, demonstraremos como esse conceito nos leva a uma definição muito usada na mecânica quântica.

Assim, por definição, o elemento de matriz do operador Â entre os estados $|e_i\rangle$ e $|e_j\rangle$ é:

Equação 5.20

$$A_{ij} = \langle e_i | \hat{A} | e_j \rangle$$

Isso nos leva a definir o conjugado hermitiano como:

Equação 5.21

$$\langle e_i | \hat{A}^\dagger | e_j \rangle = \langle e_j | \hat{A} | e_i \rangle^*$$

Se generalizarmos qualquer vetor de estado, obteremos:

Equação 5.22

$$\langle a | \hat{A}^\dagger | b \rangle = \langle b | \hat{A} | a \rangle^*$$

Caso apliquemos um operador $\hat{B}$ em um ket $\langle b |$ qualquer, ou seja, na ordem inversa, é claro que teremos um vetor de estado $\langle c |$, tal que:

Equação 5.23

$$\langle c | = \langle b | \hat{B}^\dagger$$

Assim, obteremos a seguinte relação:

Equação 5.24

$$(\hat{A}\hat{B})^\dagger = \hat{B}^\dagger \hat{A}^\dagger$$

Dessa forma, a definição do operador hermitiano com maior significado físico no estudo da mecânica quântica é:

Equação 5.25

$$\hat{A}^\dagger = \hat{A}$$

É importante destacar que, em uma medição, o único operador que fornece valores reais é o operador hermitiano. Munidos dessa definição, podemos enunciar quatro regras (daqui em diante, as duas regras apresentadas na Seção 5.1 devem ser encaradas como postulados).

Primeira regra

Toda grandeza observável na mecânica quântica é representada por um operador hermitiano.

$$\hat{A}|e_i\rangle = a_i|e_i\rangle$$

Isso nos leva a afirmar que $|e_i\rangle$ é um **autovetor** do operador $\hat{A}^\dagger$, que está associado ao **autovalor a_i**.

Segunda regra

Os resultados possíveis de uma medição de A são os autovalores de $\hat{A}$.

Terceira regra

Os estados de polarização para os quais A apresenta probabilidade 1 em dada medição são os **autovetores** ou **autoestados** do operador $\hat{A}$.

É importante destacar que essa regra só é válida se os autovalores forem reais (não existe probabilidade complexa), ou seja, os operadores obrigatoriamente devem ser operadores hermitianos.

Quarta regra

Trata-se de todo valor esperado, ou seja, o valor médio é definido como:

$$\langle A \rangle_u = \langle u | \hat{A} | u \rangle$$

Isso significa afirmar que temos a matriz A na base de seus autoestados e que os elementos da diagonal são seus autovalores.

Perguntas e respostas

Na física, os valores obtidos em qualquer tipo de medição devem fornecer resultados reais para que se tenha uma interpretação que descreva os fenômenos da natureza. Do ponto de vista da mecânica quântica, quais são os operadores que fornecem valores reais em dada medição?

Os operadores que fornecem valores reais são os operadores hermitianos.

5.4 Equação de Schrödinger

Munidos do aparato matemático apresentado até aqui, estamos aptos a descrever com maior profundidade a equação que governa o movimento no mundo atômico. Como ressaltamos, o elétron apresenta características de onda. Nesse caso, seria natural procurar uma equação de onda para descrever a dinâmica dessa partícula, bem como das partículas que se encaixam nesse limite de comprimento.

Em 1920, o físico austríaco Erwin Schrödinger foi transferido de Stuttgart, na Alemanha, para a Universidade de Zurique, na qual passou a ocupar a posição que era anteriormente de Max von Laue. Ele permaneceu na universidade até o final de 1926.

No final de 1925, Schrödinger encontrou Peter Debye em um colóquio, e os dois conversaram e discutiram a respeito da espantosa hipótese de De Broglie para as propriedades ondulatórias das partículas. Eles argumentaram que não haviam compreendido bem a teoria ondulatória da matéria proposta por De Broglie. Debye então convidou Schrödinger para apresentar uma palestra sobre o assunto, o que foi realizado alguns meses depois.

Foi com base nessa palestra que, pouco tempo depois, Schrödinger publicou trabalhos com sua formulação da mecânica quântica, a qual é utilizada até os dias de hoje. É importante destacar que, pouco tempo antes, Heisenberg havia proposto uma mecânica matricial, que incluía as consequências do princípio de incerteza. Posteriormente, ficou comprovado que a formulação matricial de Heisenberg é totalmente equivalente à mecânica ondulatória de Schrödinger.

Assim, podemos concluir que a equação de onda que governa o movimento dos elétrons e de outras partículas com massa de repouso diferente de zero é a **equação de Schrödinger**. Trata-se de uma equação análoga à equação clássica de onda. Assim como a equação da segunda lei de Newton não tem uma demonstração, a equação de Schrödinger também não tem – sua validade se deve à concordância com os dados experimentais. No entanto, pode-se sempre buscar alguns argumentos empíricos/experimentais para a equação em questão. Considere, por exemplo, as equações de ondas usuais, no caso de ondas eletromagnéticas. Essas equações são obtidas com base nas equações de Maxwell e podem ser escritas em termos do campo elétrico. Uma onda se propagando no vácuo, por exemplo, é dada por:

$$\frac{\partial^2 \xi}{\partial x^2} = \frac{1}{c^2}\frac{\partial^2 \xi}{\partial t^2}$$

Nesse caso, há uma solução do tipo onda harmônica, descrita como:

$$\xi = \xi_0 \cos(kx - \omega t)$$

Aqui, *k* assume o valor:

$$k^2 = \frac{\omega^2}{c^2}$$

Agora, podemos usar duas importantes relações: as de Einstein e as de De Broglie. Confira essas relações a seguir.

Relações de Einstein

$$\omega = \frac{E}{\hbar} \text{ e } k = \frac{p}{\hbar}$$

e

$$\omega = \frac{E}{\hbar} \text{ e } k = \frac{p}{\hbar} \rightarrow E = pc$$

Relações de De Broglie

$$\hbar\omega = \frac{\hbar^2 k^2}{2m} + V$$

Exercício resolvido

Podemos considerar que a energia de um fóton ou de qualquer outra partícula subatômica é descrita pela relação $E = pc = h\nu$, em que ν é a frequência da oscilação. Essa equação pode ser considerada, na verdade, o início de uma nova fase de interpretação para a física no mundo microscópico. Considere um elétron de energia $E = 2,5 \times 10^{-30}$ J. Nesse caso, a frequência de vibração do fóton é de:

a) 2,657 MHz.
b) 3,256 MHz.
c) 3,773 MHz.
d) 4,243 MHz.

Gabarito: c

Feedback do exercício: A solução desse problema ocorre mediante a substituição direta dos dados na relação anteriormente apresentada. Dessa maneira, obtemos:

$$E = h\nu \rightarrow 2,5 \cdot 10^{-30} = 6,625 \cdot 10^{-34} \nu$$

Logo, teremos o seguinte:

$$\nu = \frac{2,5}{6,625 \cdot 10^{-4}} \rightarrow \nu = 3,773 \text{ MHz}$$

Perceba que essa equação carrega o termo k ao quadrado, da mesma forma que uma equação de ondas tradicional. Esse fato sugere um termo proporcional à derivada segunda da função de onda com relação a x. Perceba que o termo em ω, diferentemente do caso das ondas eletromagnéticas, aparece como potência de base um. Isso nos leva a concluir que esse termo corresponde a uma derivada primeira em relação ao tempo.

? O que é?

Chamamos de **partícula pontual** aquela cujas dimensões podem ser desprezadas quando comparadas à dimensão de outros corpos em determinada situação. Trata-se de uma visão clássica e intimamente ligada às situações de baixos níveis de energia e grandes comprimentos. O que pode ser considerada uma partícula do ponto de vista da mecânica quântica? Nesse regime de energia/comprimento, consideramos como partícula uma função de onda.

Para algumas partículas, existe outro termo correspondente à energia potencial V, em que não há nem *k* nem ω. Perceba que, nesse caso, não há nenhuma derivada envolvida. Trata-se de uma equação que corresponde à expressão anteriormente apresentada e, consequentemente, corrobora as ideias de Bohr, De Broglie e Einstein.

Outro ponto importante é que, assim como a segunda lei de Newton não descreve a dinâmica para partículas relativísticas, a equação de Schrödinger também não é invariante por transformações de Lorentz. Nesse regime de energia, a equação em questão é substituída pela famosa **equação de Dirac**. Ressaltamos nos capítulos anteriores que uma partícula nesse regime de energia pode ser descrita por um pacote de onda que, por sua vez, é presentado pela quantidade ψ(x, t), ou seja, uma função de onda. Dessa maneira, a equação de Schrödinger é definida como:

Equação 5.26

$$-\frac{\hbar^2}{2m}\frac{\partial^2 \Psi(x,t)}{\partial x^2} + V(x,t)\Psi(x,t) = i\hbar\frac{\partial \Psi(x,t)}{\partial t}$$

Exercício resolvido

Classicamente, uma partícula de massa m e momento p tem sua energia dada pela relação $E = \dfrac{p^2}{2m}$, quando esta se encontra livre de um potencial qualquer. Considere uma partícula de massa m = 2 kg que se move a uma velocidade de v = 3 m/s. Nesse caso, a energia cinética de que a partícula está dotada é:

a) 4 J.
b) 6 J.
c) 8 J.
d) 9 J.

Gabarito: d

***Feedback* do exercício**: Para resolver esse problema, devemos substituir os dados na relação vista anteriormente, lembrando que p = mv. Nesse caso, devemos ter como resultado:

$$E = \frac{(mv)^2}{2m}$$

$$E = \frac{(2 \cdot 3)^2}{4} \rightarrow E = 9 \text{ J}$$

A primeira aplicação de Schrödinger foi o caso mais simples: a partícula livre. Nessa situação, temos V = 0. É possível verificar facilmente que as soluções do tipo $\Psi(x,t) = A \sin(kx - \omega t)$ e $\Psi(x,t) = A \cos(kx - \omega t)$ não se aplicam à Equação 5.26. No entanto, a solução complexa

$\Psi(x,t) = Ae^{i(kx-\omega t)}$ serve para a Equação 5.26. Essa afirmação traz algumas consequências, visto que revela, no caso da partícula livre, que a função de onda obtida como solução da equação de Schrödinger é complexa. Assim, não há uma quantidade mensurável, ou seja, não há uma justificativa física, como a amplitude de oscilação de uma corda ou do campo elétrico, como nas ondas tradicionais.

A interpretação e, consequentemente, a justificativa para o significado físico da função de onda da equação de Schrödinger foi enunciada ainda em 1926 por Max Born. De acordo com o físico, os acontecimentos previstos pela mecânica quântica são de natureza puramente probabilística.

Sabemos que todo e qualquer processo mecânico é acompanhado de um processo ondulatório. Se a onda for dada pela solução da equação de Schrödinger, o curso dos eventos será determinado pelas leis da probabilidade. Para um estado no espaço, há uma probabilidade definida, que é dada pela onda de De Broglie associada ao estado. Nesse caso, concluímos que um processo mecânico é acompanhado de um processo ondulatório.

A onda descrita pela equação de Schrödinger guia o significado dado à probabilidade de determinado curso do processo mecânico. Por exemplo, se a amplitude da onda-guia for nula em certo ponto do espaço, a probabilidade de se encontrar o elétron nesse ponto será desprezível. Born propôs o seguinte significado para a função de onda: seu módulo quadrado é proporcional à probabilidade de se encontrar a partícula em determinada posição entre x e $x + dx$ para um instante t. Mais especificamente, em dado instante de tempo t, a probabilidade de se encontrar a partícula entre x e $x + dx$ será dada por:

$$P(x, t) = |\psi(x,t)|^2$$

O que pode ser reescrito como:

$$P(x, t) = \psi^*(x,t)\, \psi(x,t)$$

Nessa equação, o termo $\psi^*(x, t)$ é o complexo conjugado de $\psi(x, t)$. É válido destacar que, quando tomamos o produto do conjugado complexo pelo próprio valor, o resultado será sempre um número real. O produto $\psi^*(x, t)\, \psi(x, t)$ é, na verdade, a densidade de probabilidade.

ⓘ Importante!

Não podemos aplicar para as propriedades de uma partícula descrita pela equação de onda de Schrödinger a mesma interpretação física dada à equação de ondas clássica. Para este último caso, há uma solução bem definida, ao passo que a equação de Schrödinger há uma interpretação probabilística – ou seja, existe uma probabilidade de encontrar a partícula.

Todas as vezes que o potencial não é uma função do tempo, podemos separar a Equação 5.26 em duas partes, uma temporal e outra espacial, de modo que a função de onda possa ser reescrita como:

Equação 5.27

$$\Psi(x,t) = \psi(x)\phi(t)$$

Substituindo a Equação 5.27 na Equação 5.26, teremos a seguinte relação:

$$-\frac{\hbar^2}{2m}\phi(t)\frac{d^2\psi(x)}{dx^2} + V(x)\psi(x)\phi(t) = i\hbar\,\psi(x)\frac{d\phi(t)}{dt}$$

Perceba que as derivadas, agora, não são mais parciais, mas ordinárias, uma vez que são constantes entre si. Multiplicando essa equação por $\psi(x)\phi(t)$, obtemos:

Equação 5.28

$$-\frac{\hbar^2}{2m}\frac{1}{\psi(x)}\frac{d^2\psi(x)}{dx^2} + V(x) = i\hbar\,\frac{1}{\phi(t)}\frac{d\phi(t)}{dt}$$

Perceba que essa equação está "separada" no que se refere às duas variáveis. O lado esquerdo é uma função exclusiva da variável *x* e o lado direito é uma função somente da variável *t*. Assim, podemos afirmar que os dois lados dessa equação são iguais a uma constante C, conhecida como *constante de separação*. Assim, obtemos as seguintes equações:

Equação 5.29

$$-\frac{\hbar^2}{2m}\frac{1}{\psi(x)}\frac{d^2\psi(x)}{dx^2} + V(x) = C$$

Equação 5.30

$$i\hbar\frac{1}{\phi(t)}\frac{d\phi(t)}{dt} = C$$

Vamos resolver primeiramente a Equação 5.30. Isso porque ela apresenta o potencial V(x), e não sabemos qual a sua forma. Podemos ter um caso em que a equação possa ser facilmente verificada para o caso de um potencial V constante. Nos casos em que o potencial depende de *x*, como o do oscilador harmônico, a solução pode ser muito mais complicada.

Perceba que a Equação 5.30 apresenta a mesma forma para todas as soluções do pacote de onda $\psi(x, t)$. Nesse caso, podemos reescrevê-la da seguinte maneira:

$$\frac{d\phi(t)}{\phi(t)} = \frac{C}{i\hbar}dt$$

Nesse caso, a solução geral apresenta a seguinte forma:

Equação 5.31

$$\phi(t) = e^{-iCt/\hbar}$$

De acordo com a relação de De Broglie apresentada no Capítulo 3, a constante de separação C deve ser igual à energia E, que, na verdade, corresponde à energia total da partícula. Portanto, devemos obter:

Equação 5.32

$$\phi(t) = e^{-iEt/\hbar}$$

Considerando essa afirmação e que C = E, na Equação 5.29 teremos uma importante relação:

Equação 5.33

$$-\frac{\hbar^2}{2m}\frac{d^2\psi(x)}{dx^2} + V(x)\psi(x) = E\psi(x)$$

Essa equação é chamada de **equação de Schrödinger independente do tempo**. É importante destacar que estamos em uma dimensão, ou seja, temos uma equação diferencial ordinária com apenas uma variável dependente.

Assim como toda função deve satisfazer algumas condições para que se obtenha a solução da equação, aqui a função de onda $\psi(x)$ deve satisfazer alguns critérios, entre eles:

- a função de onda $\psi(x)$ deve existir e ser contínua, de modo a satisfazer a equação de Schrödinger;
- a derivada $\frac{d\psi(x)}{dx}$ deve existir e ser contínua;

- tanto a autofunção $\psi(x)$ quanto sua derivada $\dfrac{d\psi(x)}{dx}$ devem ser finitas;
- $\psi(x)$ e $\dfrac{d\psi(x)}{dx}$ devem ser unívocas;
- $\psi(x)$ deve tender a zero quando $x \to \pm\infty$.

5.5 Operadores na mecânica quântica

Da mesma forma que as distribuições de probabilidades clássicas e seus respectivos operadores, em especial o operador $\hat{A}$, também é possível utilizar a distribuição de probabilidades dada pela função de onda quântica para obter valores médios de quantidades físicas relevantes. Há dois operadores que merecem maior atenção: os de posição e os de momento. Por exemplo, o valor médio da posição (veremos que, na verdade, refere-se ao operador de posição) de uma partícula cujo movimento é descrito pela função de onda $\Psi(x,t)$ é:

Equação 5.34

$$\overline{x} = \int_{-\infty}^{+\infty} xP(x)dx$$

Dessa maneira, a probabilidade é reescrita, na verdade, como:

Equação 5.35

$$x = \int_{-\infty}^{+\infty} x \Psi^*(x)\Psi(x)dx$$

Ou, ainda, como:

Equação 5.36

$$x = \int_{-\infty}^{+\infty} \Psi^*(x) x \Psi(x)dx$$

Nessa equação, a função de onda depende das coordenadas *x* e *t*; porém, se obtivermos uma função geral f(x) que seja apenas uma função da coordenada, teremos o seguinte:

Equação 5.37

$$\langle f(x) \rangle = \int_{-\infty}^{+\infty} \Psi^*(x) f(x) \Psi(x) dx$$

Como já destacamos, do ponto de vista da mecânica quântica, o valor médio de uma grandeza é comumente chamado de *valor esperado da medida*, pois corresponde ao valor que se espera obter com maior probabilidade em determinada medida daquela grandeza. Se tivermos outras grandezas físicas, poderemos considerar uma situação análoga, embora possam aparecer certas dificuldades provenientes do princípio de incerteza.

Com relação ao momento de uma partícula, seu valor médio é definido como:

Equação 5.38

$$\langle p \rangle = \int_{-\infty}^{+\infty} \Psi^*(x) p \Psi(x) dx$$

Para poder calcular essa integral, devemos obter uma expressão para o momento, em termos da variável de integração x. Porém, sabemos que é impossível relacionar diretamente p e x como uma **função p(x)**, uma vez que o princípio de incerteza de Heisenberg não permite determinar simultaneamente essas duas quantidades.

Para descobrir como podemos obter o valor médio citado, devemos tomar como exemplo a onda plana para uma partícula livre. Dessa forma, obtemos:

Equação 5.39

$$\frac{\partial \Psi}{\partial x} = ikAe^{-i(kx-\omega t)}$$

O momento, nesse caso, corresponde a uma constante $p = \hbar k$. Assim, obtemos para a Equação 5.39:

Equação 5.40

$$\frac{\partial \Psi}{\partial x} = i\frac{p}{\hbar}\Psi$$

Manipulando essa equação, teremos:

Equação 5.41

$$-i\hbar \frac{\partial \Psi}{\partial x} = p\Psi$$

Por meio da Equação 5.41, podemos definir uma importante quantidade, intitulada **operador diferencial**. Perceba que esse operador apresenta uma propriedade muito importante. Quando aplicado a uma função de onda, fornece o mesmo efeito de multiplicar a mesma função de onda pelo momento linear P. Note que esse operador é uma função da variável x, sendo, portanto, a relação que procurávamos. O operador citado é considerado um dos mais importantes da física quântica e é conhecido como **operador do momento linear**. Assim, o valor esperado do momento é calculado como:

Equação 5.42

$$\langle p \rangle = \int_{-\infty}^{+\infty} \Psi^* \left(-i\hbar \frac{\partial}{\partial x} \right) \Psi dx$$

É importante destacar aqui que essa relação, em hipótese alguma, é válida apenas para o caso da partícula livre (embora tenha sido demonstrada para esse caso): ela é válida em qualquer situação. Traçando um paralelo, podemos definir o operador de energia; basta que tomemos a derivada de tempo. Dessa maneira:

Equação 5.43

$$i\hbar \frac{\partial}{\partial t}(Ae^{-i(kx-\omega t)}) = -i^2 \hbar \omega A e^{-i(kx-\omega t)}$$

Em síntese:

$$i\hbar \frac{\partial}{\partial t}(Ae^{-i(kx-\omega t)}) = -i^2 \hbar \omega A e^{-i(kx-\omega t)}$$

Dessa forma, chegamos ao seguinte resultado:

Equação 5.44

$$i\hbar \frac{\partial \Psi}{\partial t} = E\Psi$$

Dessa maneira, obtemos a quantidade $i\hbar \frac{\partial}{\partial t} = E$ como operador de energia.

Chegamos ao ponto de destacar uma importante propriedade no que diz respeito à ação desses operadores na função de onda. Tomando como exemplo o operador de momento, veremos que, na razão dada por $\Psi^* p \Psi$, por exemplo, utilizamos a expressão para os valores médios. Devemos destacar que, para o operador de posição (que não apresenta uma derivada em sua posição), essa ordem não é relevante. No entanto, tendo em vista o caráter diferencial de grande parte dos operadores quânticos, devem existir algumas ordens a serem seguidas, uma vez que podemos ter relações de não comutatividade entre elas. Dessa forma:

Equação 5.45

$$\Psi^* -i\hbar \frac{\partial}{\partial x}\Psi \neq -i\hbar \frac{\partial}{\partial x}(\Psi^*\Psi)$$

Para a situação de uma onda plana que tratamos anteriormente, temos resultados triviais na aplicação, tanto do operador do momento linear $p = -i\hbar \frac{\partial}{\partial x}$ quanto do operador de energia total $E = i\hbar \frac{\partial}{\partial t}$. Isso se deve ao fato de as ondas planas corresponderem à situação de uma partícula com momento e energia bem definidos, de modo que $\langle p \rangle = p$ e $\langle E \rangle = E$.

5.6 Aplicação simples: o problema da partícula em uma caixa

Nesta seção, trataremos de uma situação simples e que descreve um cenário realista: o caso de uma partícula livre dentro de uma caixa. Na situação em que temos uma análise unidimensional, a partícula está confinada e se move entre duas paredes que se encontram localizadas nas posições $x = -\frac{a}{2}$ e $x = +\frac{a}{2}$. Como demonstraremos mais adiante, a função de onda para a situação de menor energia dessa partícula é dada por:

$$\begin{cases} \Psi(x,t) = A\cos\left(\dfrac{\pi x}{a}\right) e^{-i\frac{E}{\hbar}t} \\ \Psi(x,t) = 0 \end{cases}$$

A primeira sentença dessa equação é definida para o intervalo entre $x = -\dfrac{a}{2}$ e $x = +\dfrac{a}{2}$; já a segunda é aquela definida fora desse intervalo.

A constante de normalização é obtida tomando-se a integral avaliada no seguinte intervalo:

$$\int_{-\infty}^{+\infty} \Psi^* \Psi \, dx = A^2 \int_{-a/2}^{+a/2} \cos^2\left(\dfrac{\pi x}{a}\right) dx$$

Isso nos leva ao seguinte resultado:

Equação 5.46

$$\int_{-\infty}^{+\infty} \Psi^* \Psi \, dx = A^2 \dfrac{a}{2}$$

A condição de normalização revela que a probabilidade de encontrar a partícula é sempre 1. Dessa maneira:

$$1 = A^2 \dfrac{a}{2}$$

Isso nos fornece como resultado a constante de normalização em função da distância entre as paredes.

Equação 5.47

$$A = \sqrt{\dfrac{2}{a}}$$

Exercício resolvido

A Equação 5.47 apresenta o valor da constante de normalização para uma partícula em uma caixa. Essa situação pode ser considerada a mais simples aplicação da equação de Schrödinger. Se a largura da caixa é de a = 2 mm, em uma situação hipotética, o valor da constante A será, portanto:
a) 31,61 m.
b) 32,61 m.
c) 33,61 m.
d) 34,61 m.

Gabarito: a

Feedback do exercício: Para resolver esse problema, devemos substituir os dados na Equação 5.47. Assim, obtemos: A = 31,61 m.

Para determinarmos o valor médio, uma previsão já pode ser afirmada. Esperamos um valor nulo dessa quantidade, uma vez que, classicamente, a partícula tem igual probabilidade de estar à esquerda ou à direita da origem das ordenadas. Assim:

$$\langle x \rangle = \int_{-\infty}^{+\infty} \Psi^*(x) x \Psi(x) dx$$

Ou seja:

Equação 5.48

$$\langle x \rangle = A^2 \int_{-a/2}^{+a/2} x \cos^2\left(\frac{\pi x}{a}\right) dx = 0$$

A justificativa para percebermos que a integral é nula é o fato de ela apresentar um integrando como função ímpar de *x*; afinal, toda integral sobre um intervalo simétrico com relação à origem é nula para funções ímpares.

A mesma situação pode ser obtida quando avaliamos o momento linear da partícula:

$$\langle p \rangle = \int_{-\infty}^{+\infty} \Psi^* \left(-i\hbar \frac{\partial}{\partial x}\right) \Psi dx$$

Esse é o valor médio para o momento. Dessa maneira, obtemos:

$$\langle p \rangle = A^2 \int_{-a/2}^{+a/2} \cos\frac{\pi x}{a} \left(-i\hbar \frac{\partial}{\partial x}\right) \cos\frac{\pi x}{a} dx$$

Isso nos fornece como resultado o seguinte valor:

$$\langle p \rangle = A^2 i\hbar \frac{\pi}{a} \int_{-a/2}^{+a/2} \cos\frac{\pi x}{a} \operatorname{sen}\frac{\pi x}{a} dx = 0$$

É possível verificar que o módulo do momento linear não é nulo, isto é, obtido facilmente no que se refere ao operador para o quadrado do momento linear:

Equação 5.49

$$p^2 = -\hbar^2 \frac{\partial^2}{\partial x^2}$$

Ainda:

$$\langle p^2 \rangle = -\hbar^2 \left(\frac{\pi}{a}\right)^2 A^2 \int_{-a/2}^{+a/2} \cos^2 \frac{\pi x}{a} \, d$$

Isso nos fornece como resultado o valor:

Equação 5.50

$$\langle p^2 \rangle = \hbar \left(\frac{\pi}{a}\right)^2$$

Se tivermos uma situação mais geral de um poço de potencial infinito, como demonstraremos no próximo capítulo, haverá maior complexidade, uma vez que o potencial não será nulo. O gráfico a seguir indica a relação entre o potencial V(x) e a energia E.

Gráfico 5.1 – Potencial do tipo poço

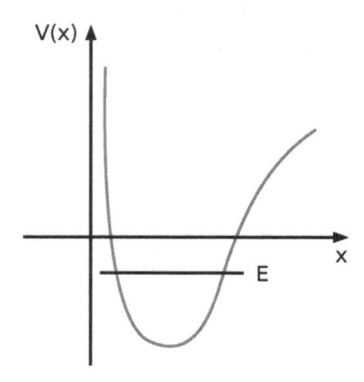

Fonte: Tipler; Llewellyn, 2017, p. 156.

É importante destacar que, no interior do poço, a função de onda e sua derivada segunda apresentam sinais opostos; por isso, dentro do poço as soluções são do tipo oscilatórias. No entanto, fora do poço essas quantidades apresentam o mesmo sinal e a função é bem-comportada, exceto quando atingem os valores de E.

Outro exemplo que será abordado no próximo capítulo é um dos mais importantes de toda a física: o **oscilador harmônico simples**. Nesta seção, iremos analisá-lo sob o aparato da mecânica quântica. Todo sistema que apresenta um potencial do tipo:

Equação 5.51

$$V(x) = \frac{1}{2}m\omega^2 x^2$$

é chamado de *oscilador harmônico simples*. Vejamos a relação entre o potencial e a energia do oscilador no gráfico a seguir.

Gráfico 5.2 – Energia do oscilador harmônico sob o ponto de vista clássico

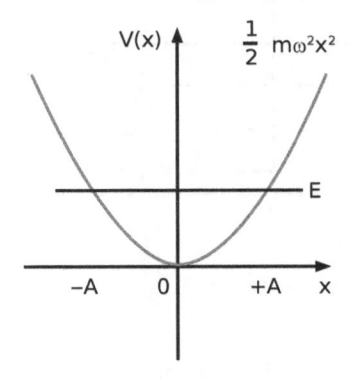

Fonte: Tipler; Llewellyn, 2017, p. 159.

O Gráfico 5.2 apresenta a energia potencial do oscilador. É importante destacar que, classicamente, a partícula deveria estar confinada na região dos pontos de retorno vistos em –A e A. Entretanto, no que diz respeito à mecânica quântica, a energia do oscilador apresenta valores quantizados ou, em outras palavras, **níveis de energia**. O Gráfico 5.3 apresenta com maior clareza os níveis de energia para o oscilador harmônico quântico.

Gráfico 5.3 – Níveis de energia para o oscilador harmônico simples quantizado

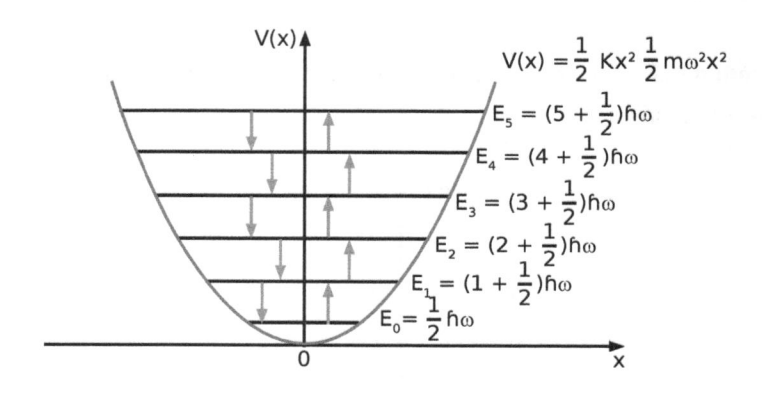

$$V(x) = \frac{1}{2} Kx^2 \; \frac{1}{2} m\omega^2 x^2$$

$$E_5 = (5 + \frac{1}{2})\hbar\omega$$

$$E_4 = (4 + \frac{1}{2})\hbar\omega$$

$$E_3 = (3 + \frac{1}{2})\hbar\omega$$

$$E_2 = (2 + \frac{1}{2})\hbar\omega$$

$$E_1 = (1 + \frac{1}{2})\hbar\omega$$

$$E_0 = \frac{1}{2}\hbar\omega$$

Fonte: Tipler; Llewellyn, 2017, p. 160.

Um poço quadro infinito é outro exemplo de aplicação da equação de Schrödinger. Nesse caso, temos uma partícula presa em uma caixa de potencial infinito. O gráfico a seguir ilustra a situação do poço de potencial infinito.

Gráfico 5.4 – Poço de potencial infinito

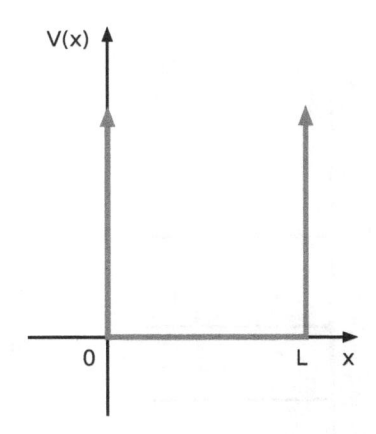

Fonte: Tipler; Llewellyn, 2017, p. 150.

No Gráfico 5.4, a energia potencial para o poço de potencial infinito é nula dentro do intervalo e infinita fora dele. Os níveis de energia para uma partícula no poço de potencial infinito podem ser conferidos no gráfico a seguir.

Gráfico 5.5 – Níveis de energia para uma partícula em um poço de potencial infinito

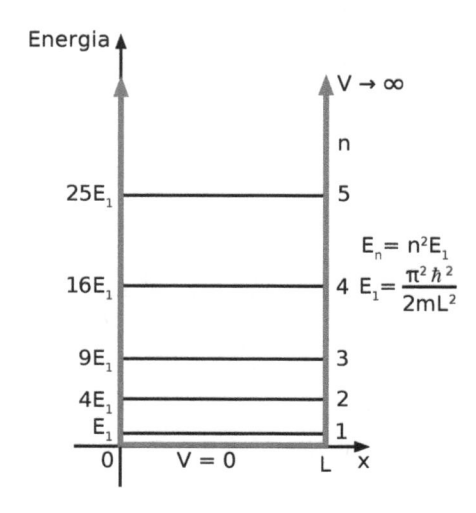

```
Energia
                        V → ∞
                     n
  25E₁ ─────────── 5
                        Eₙ = n²E₁
  16E₁ ─────────── 4    E₁ = π²ℏ²/2mL²

   9E₁ ─────────── 3
   4E₁ ─────────── 2
    E₁ ─────────── 1
    0   V = 0    L   x
```

Fonte: Tipler; Llewellyn, 2017, p. 151.

Indicaremos apenas esses dois exemplos como uma das principais aplicações da equação de Schrödinger. Seus detalhes e suas aplicações serão abordados de maneira mais aprofundada no próximo capítulo.

5.6.1 Densidade de probabilidade

Um fato importante que devemos destacar aqui é que existe uma conservação global na densidade de probabilidade. Isso pode ser verificado por meio da seguinte relação:

Equação 5.52

$$\frac{d}{dt}\int_{-\infty}^{+\infty}\Psi^*(x)\,x\,\Psi(x)dx = 0$$

Isso resultará em uma importante relação. Existe também uma lei de conservação mais local que, de certa forma, é análoga àquela vista na hidrodinâmica e na eletricidade. Aqui, a densidade de probabilidade é definida como:

Equação 5.53

$$\rho(x,t) = \left|\Psi(x,t)\right|^2$$

Nesse caso, a Equação 5.52 resultará na seguinte relação:

$$\frac{\partial \rho}{\partial t} = \frac{\partial}{\partial t}\left[\Psi^*(x,t)\Psi(x,t)\right]$$

Pela regra do produto, teremos que:

Equação 5.54

$$\frac{\partial \rho}{\partial t} = \Psi^*\frac{\partial \Psi}{\partial t} + \frac{\partial \Psi^*}{\partial t}\Psi$$

Usando a equação de Schrödinger, a Equação 5.54 nos levará ao seguinte resultado:

$$\frac{\partial \rho}{\partial t} = \frac{\Psi^*}{i\hbar}\left[-\frac{\hbar^2}{2m}\frac{\partial^2 \Psi}{\partial x^2} + V(x)\Psi\right] - \frac{\Psi}{i\hbar}\left[\frac{\hbar^2}{2m}\frac{\partial^2 \Psi^*}{\partial x^2} + V(x)\Psi^*\right]$$

Além disso, podemos reescrever essa equação da seguinte forma:

Equação 5.55

$$\frac{\partial \rho}{\partial t} + \frac{\partial j}{\partial x} = 0$$

Nesse caso, definimos a quantidade:

Equação 5.56

$$j(x,t) = \frac{\hbar}{2mi}\left(\Psi^* \frac{\partial \Psi}{\partial x} + \frac{\partial \Psi^*}{\partial x}\right)$$

Essa é a versão unidimensional da equação da continuidade e representa a lei de conservação da probabilidade.

Síntese

- A equação fundamental para descrever a dinâmica das partículas subatômicas é a equação de Schrödinger, cuja solução é uma função de onda representada por um vetor de estado.

- A matemática utilizada para a interpretação dos fenômenos quânticos é a álgebra linear, a qual tem como fundamento uma representação matricial, que apresenta um formalismo elegante do ponto de vista formal.
- A equação de Schrödinger é uma equação diferencial de segunda ordem cuja solução apresenta uma forma senoidal; para uma partícula livre, a solução é complexa.
- A interpretação para as soluções da equação de Schrödinger foi proposta pelo alemão Max Born, que apresentou uma característica puramente probabilística, rompendo com toda a ideia clássica.
- Existem muitas aplicações para equação de Schrödinger, entre elas o problema em uma caixa, o poço de potencial infinito e, ainda, aquela que pode ser considerada a aplicação mais importante de potencial: o oscilador harmônico.
- Os níveis de energia para as situações vistas nos exemplos são todas quantizadas, o que revela a natureza quântica desses sistemas físicos.
- Da equação de Schrödinger, é possível recuperar um importante resultado, visto, na maioria das vezes, apenas do ponto de vista clássico. É o caso da conservação da probabilidade, que é obtida pela equação de continuidade.

Aplicação da equação de Schrödinger

6

Conteúdos do capítulo:

- Partícula em uma caixa: poço quadrado infinito e poço quadrado finito.
- Potencial degrau.
- Reflexão e transmissão de ondas.
- Oscilador harmônico simples.
- Barreira de potencial.

Após o estudo deste capítulo, você será capaz de:

1. utilizar os principais sistemas de aplicação da equação de Schrödinger;
2. observar a dinâmica de uma partícula em uma caixa nas situações de poço quadrado finito e infinito;
3. aplicar os princípios da teoria quântica para uma barreira de potencial;
4. indicar os princípios fundamentais para a dinâmica de um oscilador harmônico simples do ponto de vista da mecânica quântica;
5. interpretar as soluções da equação de Schrödinger para um potencial degrau.

No capítulo anterior, destacamos com clareza a famosa equação de Schrödinger, que é a equação fundamental para a descrição da dinâmica de partículas no mundo atômico. Apresentamos suas origens, algumas discussões e, de certa forma, algumas de suas principais aplicações a sistemas físicos.

Podemos considerar o desenvolvimento dessas propriedades da matéria como uma das maiores conquistas de toda a ciência, uma vez que, desde tempos remotos, o ser humano procura compreender o que se passa e como funciona o mundo atômico. Como já ressaltamos, os gregos foram os primeiros a propor que a matéria é constituída de partículas indivisíveis, os átomos. Entretanto, como já esclarecemos, embora a ideia do átomo esteja correta, ele não é indivisível, visto que pode ser fragmentado em partículas menores, conhecidas como *elétrons* e *prótons*.

Sem dúvida, a conquista desse entendimento culminou com a interpretação dos fenômenos que são descritos pela teoria quântica e justificados pela famosa equação de Schrödinger, como demonstraremos neste capítulo.

6.1 Problema de uma partícula em uma caixa

Começamos nossas aplicações para a equação de Schrödinger com o que podemos classificar como o mais simples sistema em que podemos observar várias propriedades da função de onda. Trata-se do chamado *problema em uma caixa*. Podemos observar essa situação a partir de duas perspectivas: a do **poço quadrado infinito** e a do **poço quadrado finito**.

No capítulo anterior, introduzimos rapidamente um sistema simples, que foi o caso da partícula livre. Também apresentamos, de forma conceitual, alguns sistemas que serão discutidos na sequência.

6.1.1 Poço quadrado infinito

Primeiramente, examinaremos o poço de potencial infinito mediante uma possível visão macroscópica do sistema para esclarecer suas propriedades. Nessa perspectiva, ele pode ser considerado uma partícula que está sujeita a se mover entre dois obstáculos impenetráveis. A figura a seguir apresenta esse esquema.

Figura 6.1 – Poço de potencial infinito do ponto de vista macroscópico

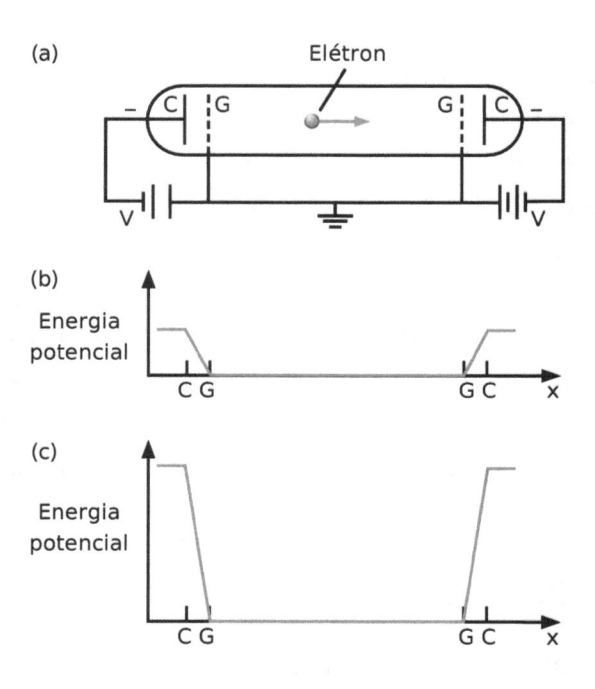

Fonte: Tipler; Llewellyn, 2017, p. 149.

A Figura 6.1 apresenta três situações. Na situação (a), há um elétron que se encontra entre as grades G, o qual não experimenta nenhuma força, uma vez que as grades estão aterradas. Já na situação (b), tendo em vista que a diferença de potencial V é pequena, o gráfico da energia potencial em função da coordenada x apresenta paredes em que podemos visualizar que suas inclinações são suaves. Por fim, na situação (c), visto que o potencial de energia é grande, as paredes são altas, o que o torna impossível quando $V \to \infty$.

Todas as vezes que tomamos esse limite, o gráfico do potencial pela posição toma o aspecto apresentado no gráfico a seguir.

Gráfico 6.1 – Poço de potencial infinito

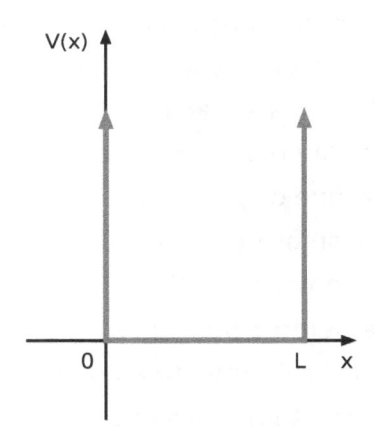

Fonte: Tipler; Llewellyn, 2017, p. 150.

O Gráfico 6.1 apresenta a energia potencial para um poço de potencial infinito. Perceba que, no intervalo $0 < x < L$, em que L é a largura do potencial, a energia potencial V(x) é nula; fora dessa região, esse potencial é infinito.

A energia ser nula do lado de fora da barreira de potencial significa que a função de onda é necessariamente nula nessa região. Dessa forma, podemos considerar que o problema reside em resolver a equação de Schrödinger apenas para a região definida pelo intervalo $0 < x < L$. É claro que devemos estar atentos às condições que devem ser satisfeitas para a função de onda $\psi(x)$, que deve ser contínua e nula exatamente em $x = 0$ e $x = L$. Essa condição que é imposta à função de onda é conhecida como *condição de contorno*.

Essa condição não difere em nada daquele caso clássico de uma onda estacionária em uma corda vibrante. Naquela situação, a função de onda é representada pelo deslocamento $y(x, t)$. Se considerarmos que os pontos fixos das cordas são exatamente os mesmos que são aqui mostrados para o caso do poço de potencial infinito $x = 0$, perceberemos que esse deslocamento é o mesmo: $y(x, t) = 0$. Esses pontos nos levam classicamente à quantização de frequências, as quais também são conhecidas como *modos normais de vibração*.

Foi exatamente essa quantização de frequências, juntamente com a fantástica hipótese de De Broglie, que levou Schrödinger a descrever uma solução na forma de ondas para os elétrons. Da física clássica, sabemos que a condição para que exista os estados estacionários para uma corda de comprimento L é que ela seja contida por um número de meios comprimentos de onda, ou seja:

Equação 6.1

$$n\frac{\lambda}{2} = L$$

Nessa equação, *n* é um número inteiro. Esse fato carrega em si uma das mais importantes interpretações que a mecânica quântica apresenta sobre a energia de uma partícula: por meio da relação de De Broglie, o momento de uma partícula e o comprimento de onda estão relacionados de acordo com a equação a seguir:

Equação 6.2

$$p = \frac{h}{\lambda}$$

Considere o fato de que a energia total no interior do poço equivale à energia cinética, e que essa energia pode ser escrita como *momento linear da partícula*. Assim, de acordo com a relação:

Equação 6.3

$$E = \frac{p^2}{2m}$$

podemos considerar que essa quantização do comprimento de onda nos leva diretamente à quantização da energia da partícula.

Nessa situação, podemos considerar que os valores das energias permitidas são dados pelos números inteiros n. Dessa maneira, podemos chegar a esse resultado manipulando as Equações de 6.1 a 6.3. Isso nos fornece como resultado a seguinte relação:

$$E = \frac{p^2}{2m} \rightarrow E = \frac{h^2}{2m\lambda^2}$$

Dessa forma, teremos:

Equação 6.4

$$E = n^2 \frac{h^2}{8mL^2}$$

Perceba que a energia é uma função de n; assim, é comum rotulá-la com o índice n, de modo que tenhamos:

Equação 6.5

$$E_n = n^2 \frac{\pi^2 \hbar^2}{8mL^2} \rightarrow E_n = n^2 E_1$$

Nesse caso, escrevemos a energia da partícula de acordo com a constante de Planck normalizada. A energia E_1 que aparece na Equação 6.5 é a chamada *menor energia permitida*, ou seja, a energia do estado fundamental, como demonstraremos mais adiante.

Perceba que indicamos os possíveis valores de energia permitida de uma perspectiva puramente conceitual. Analisando a hipótese de De Broglie e suas relações, veremos que é possível chegar ao mesmo resultado resolvendo diretamente a equação de Schrödinger. Como demonstramos no capítulo anterior, a equação de Schrödinger independente do tempo é dada pela relação:

Equação 6.6

$$-\frac{\hbar^2}{2m}\frac{d^2\psi(x)}{dx^2} + V(x)\psi(x) = E\psi(x)$$

Assim, o potencial é infinito fora do poço. Nesse caso, teremos de resolver a Equação 6.6 apenas para a região pertencente ao intervalo $0 < x < L$, cujo potencial é nulo. Nesse cenário, a equação de Schrödinger fornece as seguintes relações:

Equação 6.7

$$\frac{d^2\psi(x)}{dx^2} = -\frac{2mE}{\hbar^2}\psi(x)$$

Equação 6.8

$$\frac{d^2\psi(x)}{dx^2} = -k^2\psi(x)$$

Nesse caso, a constante k é definida como:

Equação 6.9

$$k^2 = \frac{2mE}{\hbar^2}$$

A solução da Equação 6.7 apresenta uma forma senoidal. Nesse caso, teremos duas possíveis expressões:

Equação 6.10

$$\psi(x) = A \operatorname{sen} kx$$

Equação 6.11

$$\psi(x) = B \cos kx$$

As constantes A e B são determinadas pelas condições de contorno. Perceba que a condição $\psi(x) = 0$ na posição $x = 0$ elimina o cosseno na Equação 6.10. Nesse contexto, consideramos diretamente a condição B = 0. Assim, resta a análise da Equação 6.9, que, quando avaliada em $x = L$, fornece como resultado a seguinte relação:

Equação 6.12

$$\psi(L) = A \operatorname{sen} kL = 0$$

Perceba que essa condição pode ser satisfeita quando tivermos o argumento da função seno igual a um número inteiro multiplicado pelo valor de π. Isso nos conduz à seguinte relação para os valores permitidos de *k*:

$$k_n = n\frac{\pi}{L} \quad \text{com} \quad n = 1, 2, 3, \dots$$

Como indicado nas Equações de 6.1 a 6.3, podemos escrever as energias permitidas, visto que o comprimento de onda pode ser expresso como número de onda, de acordo com a seguinte relação:

Equação 6.13

$$\lambda = \frac{2\pi}{k}$$

Nesse caso, teremos os chamados *níveis de energia quantizados* ou *autovalores de energia*, que podem ser vistos como:

Equação 6.14

$$E_n = \frac{k_n^2 \hbar^2}{2m}$$

Equação 6.15

$$E_n = n^2 \frac{\pi^2 \hbar^2}{2mL^2}$$

Podemos determinar a constante A pela condição de normalização, expressa por:

$$\int_{-\infty}^{+\infty} \Psi^* \Psi dx = 1$$

Nesse caso, para a função de onda expressa pela Equação 6.12, encontramos:

Equação 6.16

$$\int_{-\infty}^{+\infty} \Psi^* \Psi dx = A_n^2 \int_0^L \text{sen}^2\left(\frac{n\pi x}{L}\right) dx$$

Nessa condição, é possível evidenciar que o valor da constante de normalização é expresso por:

Equação 6.17

$$A = \sqrt{\frac{2}{L}}$$

Analisando as condições de contorno, concluímos que a função de onda é nula para as regiões em que o potencial é infinito; ou seja, as regiões de $-\infty$ à 0 e de L à ∞ não fornecem contribuição para a integral vista na Equação 6.16. Dessa maneira, percebemos que essa integral está restrita a ser apenas avaliada nos pontos $x = 0$ e $x = L$.

Essas funções que fornecem a solução desse problema são conhecidas como *autofunções*. Em termos explícitos da constante de normalização, temos:

Equação 6.18

$$\psi_n(x) = \sqrt{\frac{2}{L}} \operatorname{sen} \frac{n\pi x}{L} dx$$

Perceba que essa equação não difere em nada da função clássica de ondas, para o caso de ondas estacionárias em uma corda esticada. O estado de menor energia, conhecido como *estado fundamental*, acontece quando n = 1. Os demais estados são denominados *estados excitados*. O número *n* que aparece nas equações, chamado de *número quântico*, fornece a informação tanto da energia da partícula quanto da função de onda.

Exercício resolvido

A constante de normalização apresenta sempre um valor que depende de uma constante típica de cada situação. Esse valor é obtido por meio da Equação 6.17, que revela o valor da constante de normalização para uma partícula em uma caixa. Se a largura da caixa é de a = 2 mm em uma situação hipotética, o valor da constante A será:

a) 31,61 m.
b) 32,61 m.
c) 33,61 m.
d) 34,61 m.

Gabarito: a

Feedback **do exercício**: Para resolver esse problema, devemos substituir os dados na Equação 6.17. Dessa forma, obtemos o resultado: A = 31,61 m.

No gráfico a seguir, podemos conferir as funções de onda e a densidade de probabilidade tanto para o estado fundamental quanto para os dois primeiros estados excitados.

Gráfico 6.2 – Função de onda e densidade de probabilidade para uma partícula em um poço de potencial infinito

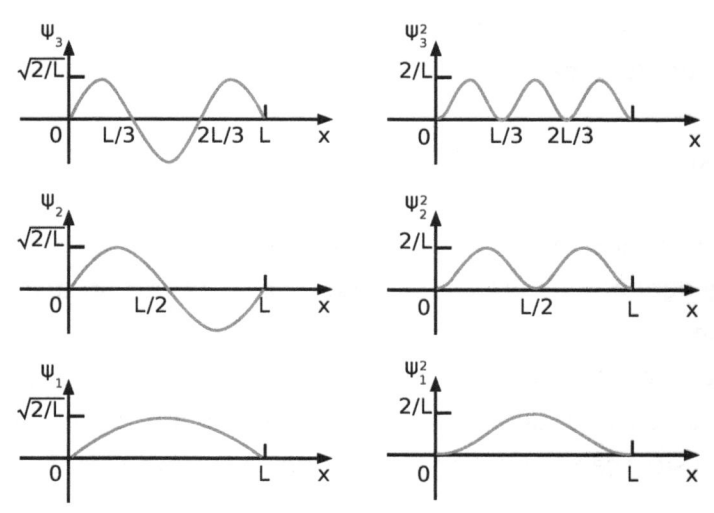

Fonte: Tipler; Llewellyn, 2017, p. 151.

Exercício resolvido

Considere um elétron, cuja massa é de $m = 9{,}11 \times 10^{-31}$ kg, que se move em um fio de cobre. No caso de uma idealização de um poço de potencial infinito para o caso unidimensional, se o fio tiver 1 cm de comprimento, levando-se em consideração o fato de que o potencial aumenta de forma brusca nas extremidades do fio, a energia do estado fundamental será de:
(Considere: $\hbar = 1{,}055 \times 10^{-34}$ eV)

a) $3{,}80 \times 10^{-15}$ eV.

b) $4{,}25 \times 10^{-15}$ eV.

c) $4{,}86 \times 10^{-15}$ eV.

d) $5{,}35 \times 10^{-15}$ eV.

Gabarito: a

Feedback **do exercício**: Para determinar a energia do estado fundamental, devemos substituir os valores do problema na Equação 6.15, considerando, é claro, n = 1. Dessa forma, obteremos:

$$E_1 = \frac{\pi^2 (1{,}055 \times 10^{-34})^2}{2(9{,}11 \times 10^{-31})(10^{-2})^2}$$

Assim, teremos como resultado o seguinte valor:

$$E_1 = 3{,}80 \times 10^{-15} \text{ eV}$$

6.1.2 Poço quadrado finito

Na seção anterior, demonstramos que a energia para uma partícula presa em um poço de potencial infinito é quantizada. Utilizamos o termo *infinito* pelo fato de o potencial ser nulo dentro de uma pequena região e por assumir valores "infinitos" fora dela. Nesta seção, abordaremos uma situação um pouco diferente e, de certa forma, mais realista: o caso em que o potencial assume um valor V_0 qualquer fora da região em que o potencial é nulo.

Nesse caso, a resolução da equação de Schrödinger se torna um processo mais sofisticado. O gráfico a seguir apresenta o potencial para uma partícula que se encontra em um poço de potencial finito.

Gráfico 6.3 – Potencial pela posição para uma partícula em um poço de potencial finito

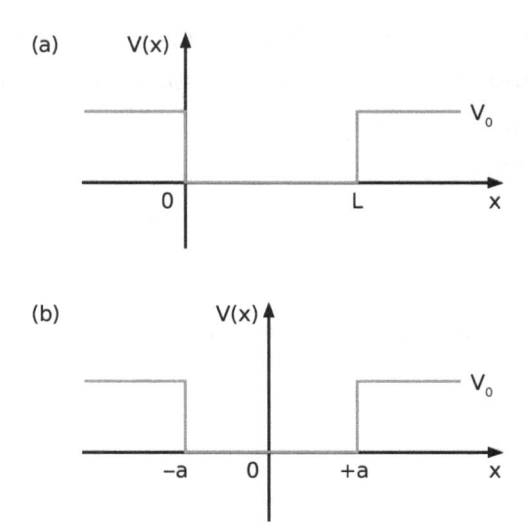

Fonte: Tipler; Llewellyn, 2017, p. 154.

Perceba, no Gráfico 6.3, que a função de onda nula na região é definida pelo intervalo 0 < x < L. Esse fato é idêntico ao caso do poço infinito, porém, a região fora desse intervalo apresenta um potencial não infinito, mas igual a um valor fixo V_0. Note também que podemos dividir a região com o potencial nulo de forma simétrica, ou seja, podemos considerar o potencial como a origem de um eixo de coordenadas.

Nosso objetivo é resolver a equação de Schrödinger para esse tipo de potencial, o qual apresenta soluções bastantes distintas, dependendo da região. A única região que nos fornece soluções já determinadas é, como citamos, a região entre o intervalo 0 < x < L. Fora desse intervalo, podemos analisar duas situações: (a) aquela cuja energia é maior do que o potencial, ou seja, $E > V_0$; e (b) aquela em que a energia é menor do que o potencial $E < V_0$. Nesse caso, a energia não é quantizada, uma vez que temos qualquer valor de energia permitida.

Voltemos para a região definida entre o intervalo 0 < x < L. Nela, a solução da equação de Schrödinger não difere em nada daquela vista na Equação 6.12, com as soluções definidas por meio da Equação 6.15.

Trataremos agora da solução geral, que, como demonstramos, envolve senos e cossenos, conforme definido nas Equações 6.10 e 6.11. É importante destacar que, nessa situação, não é necessário que a função de onda ψ(x) seja nula nos limites da região central, ou seja, naquele intervalo definido; porém, a função e sua derivada primeira devem ser contínuas nesse ponto.

Fora do poço, a equação de Schrödinger apresenta as seguintes formas:

Equação 6.19

$$\frac{d^2\psi(x)}{dx^2} = \frac{2m}{\hbar^2}(V_0 - E)\psi(x)$$

Equação 6.20

$$\frac{d^2\psi(x)}{dx^2} = \alpha^2 \psi(x)$$

Dessa maneira:

Equação 6.21

$$\alpha^2 = \frac{2m}{\hbar^2}(V_0 - E)$$

Devemos resolver a Equação 6.19 a fim de determinarmos a energia para a situação em questão. Para tanto, precisamos que a função de onda e sua derivada sejam contínuas na parede do poço. Resolvendo essa equação, descobrimos que sua solução apresenta a seguinte forma:

Equação 6.22

$$\psi(x) = Ce^{-\alpha x}$$

Agora, aplicaremos as condições de contorno que devem satisfazer as exigências de que a função de onda e sua derivada devem ser contínuas nas paredes do poço e que $\psi(x) \to 0$ quando $x \to \pm\infty$.

É curioso e, de certa forma, complicado interpretar que essas condições levam a apenas certas funções de onda e certas energias permitidas para a partícula no interior do poço. Nessa região, estamos considerando $0 < E < V_0$. O caso mais interessante desse sistema é que a derivada segunda da função de onda apresenta o mesmo sinal desta, ou seja, se a função for positiva, sua derivada segunda também será; assim, a função de onda se afastará do eixo. Da mesma forma, se ela for negativa, sua derivada segunda também será e, consequentemente, se afastará do eixo. Observe esse comportamento no gráfico a seguir.

Gráfico 6.4 – Relação entre as funções positiva e negativa com suas respectivas curvaturas

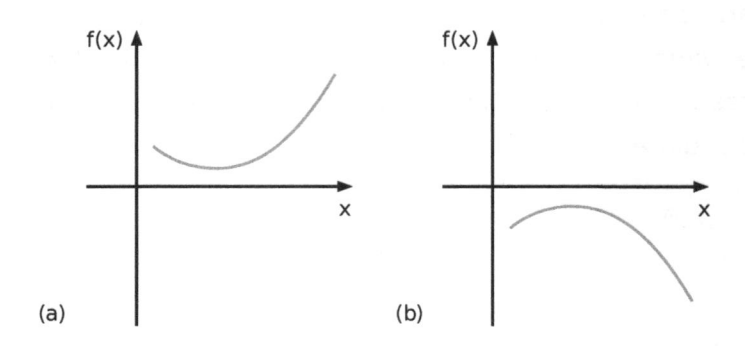

(a) (b)

Fonte: Tipler; Llewellyn, 2017, p. 155.

Esse comportamento – que pode ser considerado, de certa forma, estranho – não ocorre dentro do poço, onde a função de onda e sua derivada segunda apresentam sinais opostos. Nessa situação, a função de onda $\psi(x)$ sempre se aproximará dos eixos x. Em virtude desse comportamento fora do poço, os valores permitidos de energia que estão associados à função de onda tendem ao infinito quando $x \to \pm\infty$. Assim, podemos concluir que a função de onda não é bem-comportada. Embora funções de onda desse tipo sejam soluções da equação de Schrödinger, não são funções de onda apropriadas, uma vez que carregam uma importante característica: não podem ser normalizadas.

Confira a seguir um caso especial em que temos uma função de onda de um estado com energia dado por:

$$E = \frac{h^2}{2m\lambda^2}$$

Essa função de onda satisfaz a equação de Schrödinger para $\lambda = 4L$. Contudo, como evidencia o gráfico a seguir, ela não é uma função de onda bem-comportada, visto que tende ao infinito para grandes valores.

Gráfico 6.5 – Função de onda no interior do poço de potencial finito

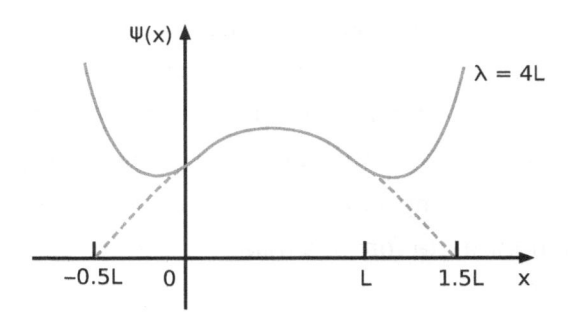

Fonte: Tipler; Llewellyn, 2017, p. 155.

Tomando a função de onda para o estado fundamental, teremos $\lambda = \lambda_1$. O gráfico a seguir evidencia o "bom comportamento" para a função de onda nesse estado.

Gráfico 6.6 – Funções de onda para o estado fundamental e para duas energias próximas

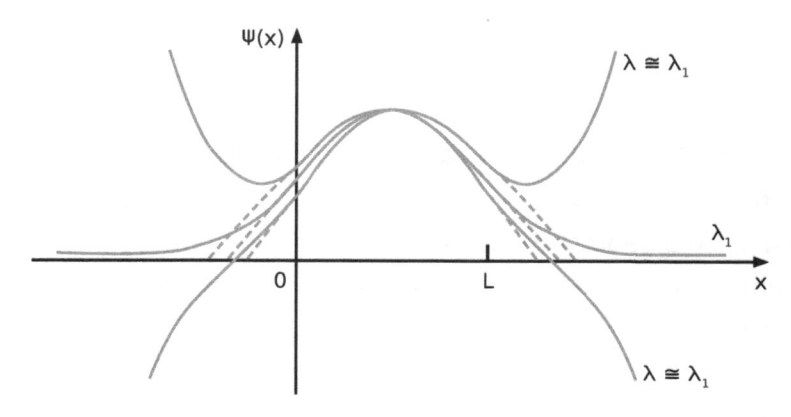

Fonte: Tipler; Llewellyn, 2017, p. 155.

No Gráfico 6.6, é possível ver as funções de onda que satisfazem a equação de Schrödinger para os comprimentos de onda próximos a um valor crítico. Note que, quando o comprimento de onda é um pouco maior do que o comprimento crítico, a função de onda tende ao infinito, de forma similar ao que foi observado no Gráfico 6.5.

Podemos observar as funções de onda e as densidades de probabilidade para o estado fundamental e os dois primeiros estados excitados no gráfico a seguir.

Gráfico 6.7 – Funções de onda e densidades de probabilidade para o estado fundamental e os dois primeiros estados excitados

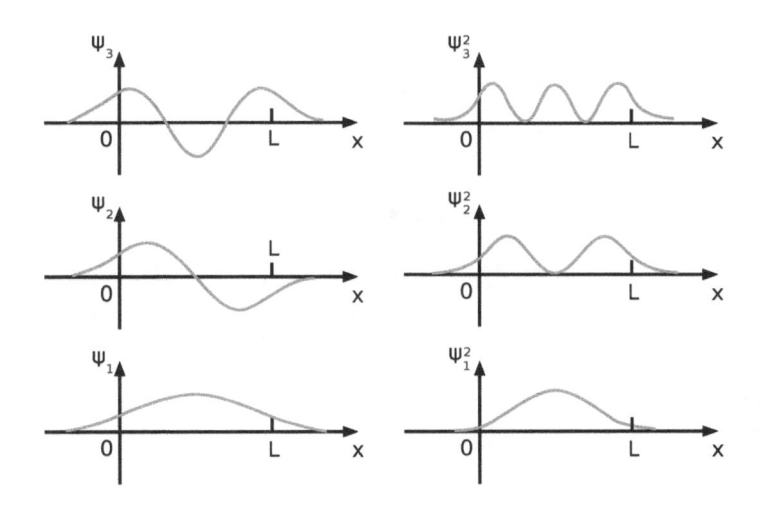

Fonte: Tipler; Llewellyn, 2017, p. 155.

Podemos comparar essas distribuições e funções de onda com a situação do Gráfico 6.2. Naquela situação, asfunções de onda eram nulas em $x = 0$ e $x = L$. Perceba que os comprimentos de onda são um pouco maiores do que aqueles observados no poço de potencial infinito (Nussenszveig, 2014). No poço de potencial finito, as energias permitidas são ligeiramente menores do que no poço de potencial infinito, conforme evidencia o gráfico a seguir.

Gráfico 6.8 – Níveis de energia para o poço de potencial finito em comparação com o poço de potencial infinito

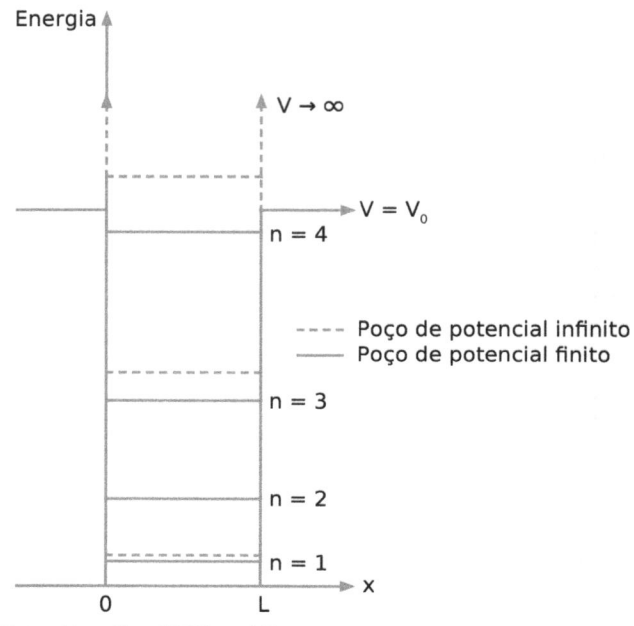

```
Energia
         │
         │         │ V → ∞
         │- - - - -│
         │         │────▶ V = V₀
         │─────────│ n = 4
         │         │
         │         │      - - - - Poço de potencial infinito
         │         │      ─────── Poço de potencial finito
         │- - - - -│
         │─────────│ n = 3
         │         │
         │─────────│ n = 2
         │         │
         │- - - - -│
         │─────────│ n = 1
         └─────────┴────▶ x
         0         L
```

Fonte: Tipler; Llewellyn, 2017, p. 249.

As linhas tracejadas correspondem ao poço de potencial infinito, ao passo que as linhas cheias descrevem as energias permitidas para o poço de potencial finito. Dessa maneira, é possível concluir que, no Gráfico 6.8, os quatro primeiros níveis de energia são ligeiramente menores do que os do poço de potencial infinito.

❗ Importante!

Há duas situações para uma partícula em uma caixa: o poço de potencial finito e o poço de potencial infinito.

Com uma diferença crucial entre si, eles apresentam condições de contorno distintas, que conduzem a soluções diferentes para a equação de Schrödinger. Isso carrega em seu escopo diferentes interpretações a respeito das propriedades de uma partícula nesse sistema.

6.2 Potencial degrau

Trataremos agora de uma situação em que o potencial é descrito por uma função degrau. Podemos defini-lo da seguinte forma:

Equação 6.23

$$\begin{cases} V(x) = 0 & \text{para } x < 0 \\ V(x) = V_0 & \text{para } x > 0 \end{cases}$$

O gráfico a seguir apresenta, de maneira mais clara, esse tipo de função.

Gráfico 6.9 – Potencial degrau

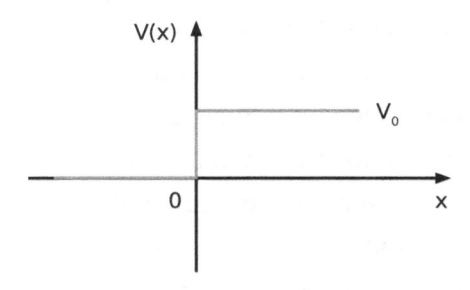

Fonte: Tipler; Llewellyn, 2017, p. 161.

A seguinte situação clássica pode ilustrar o potencial degrau: uma bola feita de um material qualquer se move em uma trajetória retilínea horizontal da esquerda para a direita, a uma velocidade cujo módulo é *v* (pela definição da energia cinética, podemos expressar essa velocidade em termos de energia), e encontra uma rampa inclinada com uma altura *h* em relação ao solo. Nesse caso, teremos duas situações a analisar. A primeira é se a bola detém energia suficiente para seguir no sentido positivo – isso só acontece se $E > V_0$. A segunda é se $E < V_0$; se isso for verdade e a bola chegar em $x = 0$, sofrerá um impulso e retornará em sentido contrário na mesma trajetória. Aqui podemos considerar esse potencial como a energia potencial gravitacional.

Se imaginarmos isso em nosso atual cenário de investigação, podemos considerar um feixe de partículas dotadas de energia cinética E movendo-se da esquerda para a direita, de modo a encontrar a barreira de potencial. Nesse cenário, podemos resolver dois aspectos referentes à equação de Schrödinger: $E < V_0$ e $E > V_0$. Em outras palavras, podemos dividir essa solução em duas regiões: aquela em que $x < 0$ e aquela em que $x > 0$.

Na região em que $x < 0$, o potencial é nulo; assim, o problema se resume a resolver a equação de Schrödinger para o caso da partícula livre, ou seja, aquela conhecida solução dada pela Equação 6.7. Já para a região em que $x > 0$, devemos ter uma equação semelhante à Equação 6.19, cujas soluções são dadas, respectivamente, por:

Equação 6.24

$$\psi_I(x) = Ae^{ik_1} + Be^{-ik_1}$$

Equação 6.25

$$\psi_{II}(x) = Ce^{ik_2} + De^{-ik_2}$$

Em que as constantes são definidas por:

Equação 6.26

$$k_2 = \frac{\sqrt{2m(E - V_0)}}{\hbar}$$

Equação 6.27

$$k_1 = \frac{\sqrt{2mE}}{\hbar}$$

Exercício resolvido

Outra aplicação de grande importância da equação de Schrödinger é o potencial degrau, que pode ser compreendido como uma diferença de energia por onde a partícula deve superar. Considere um elétron com uma massa $m = 9{,}11 \times 10^{-31}$ kg que se move em um

fio de cobre. Se ele se move com energia cinética de
$E = 3,80 \times 10^{-15}$ eV, a constante k_2 dada pela Equação 6.27,
tem o valor:
(Considere: $\hbar = 1,055 \times 10^{-34}$ eV)
a) $3,80 \times 10^{11}$ eV.
b) $7,88 \times 10^{11}$ eV.
c) $8,88 \times 10^{11}$ eV.
d) $9,88 \times 10^{11}$ eV.

Gabarito: b

Feedback **do exercício**: Para resolver esse problema, devemos substituir os dados na Equação 6.27. Dessa forma, obtemos o resultado $7,88 \times 10^{11}$ eV.

Podemos fazer uma análise da estrutura das soluções da equação de Schrödinger para o potencial degrau, interpretando termo a termo. Na Equação 6.24, o primeiro termo que está associado à constante A representa o feixe inicial de partículas que incide no potencial degrau. Já o segundo termo dessa mesma equação apresenta a constante B, que descreve as partículas que se movem para a esquerda – perceba que ele carrega o sinal negativo na exponencial.

Para a região II, a função de onda apresenta também dois termos. Percebemos, *a priori*, que o segundo termo deve ser nulo, uma vez que representa partículas nessa região que se movem para a esquerda, o que não ocorre. Assim, concluímos que $D = 0$. Como indicamos anteriormente, a constante A pode ser determinada de forma direta e fácil, como D = 0, caso em que devemos usar as condições de contorno para determinar apenas as constantes C e B.

Vamos aplicar as condições de continuidade para função de onda e sua derivada no ponto x = 0. Nesse ponto, é necessário que tenhamos que:

$$\psi_I(0) = \psi_{II}(0)$$

Essa condição nos leva ao seguinte resultado:

$$\psi_I(o) = A + B = \psi_{II}(o) = C$$

Dessa maneira, obtemos a seguinte relação entre as constantes:

Equação 6.28

$$A + B = C$$

Para a derivada, apresentamos a seguinte relação:

Equação 6.29

$$k_1 A - k_2 B = k_2 C$$

As Equações 6.28 e 6.29 formam, na verdade, um sistema de equações que, quando resolvido para B e C (as variáveis), tem-se como resultado:

Equação 6.30

$$B = \frac{E^{1/2} - (E - V_0)^2}{E^{1/2} + (E - V_0)^2} A$$

Equação 6.31

$$C = \frac{2E^{1/2}}{E^{1/2} + (E - V_0)^2} A$$

As Equações 6.30 e 6.31 são utilizadas para determinar duas importantes quantidades que surgem de uma perspectiva puramente quântica. São elas os coeficientes de reflexão R e de transmissão T, que, por definição, *são dados por:*

Equação 6.32

$$R = \frac{|B|^2}{|A|^2}$$

Equação 6.33

$$T = \frac{|B|^2}{|A|^2}$$

Equação 6.34

$$T + R = 1$$

No gráfico a seguir, é possível perceber o comportamento de um pacote de ondas incidente em um potencial degrau para o caso em que $E > V_0$.

Gráfico 6.10 – Potencial degrau e pacote de ondas incidentes

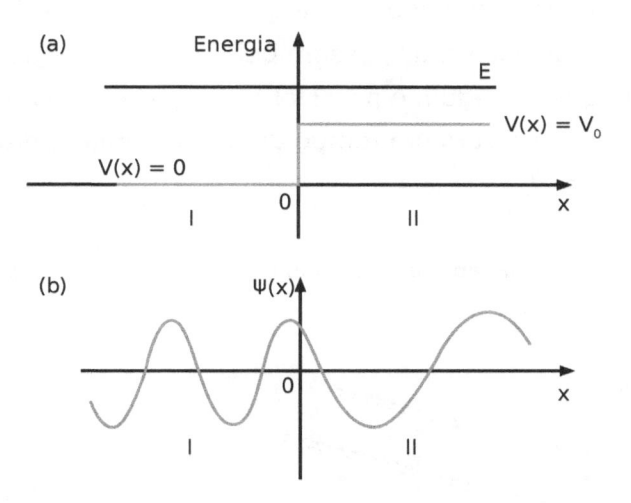

(a)

Energia

E

$V(x) = V_0$

$V(x) = 0$

I 0 II x

(b)

Ψ(x)

0

I II x

Fonte: Tipler; Llewellyn, 2017, p. 162.

Há algumas consequências físicas para o fato de a equação de Schrödinger apresentar um comportamento ondulatório. A primeira é que o coeficiente de reflexão não é nulo para $E > V_0$. Nesse sentido, rompendo todo o pensamento clássico, algumas partículas ainda conseguem ser refletidas mesmo tendo uma energia suficientemente grande para que possam ultrapassar. A segunda é que o valor de R depende da diferença entre as constantes k_1 e k_2, embora não dependa do sinal da diferença. Isso significa que o coeficiente de reflexão seria o mesmo se as partículas estivessem em movimento de uma região com energia potencial maior para uma com energia potencial menor.

Da relação de De Broglie, podemos concluir que o comprimento de onda é uma quantidade que varia conforme as partículas passam pelo potencial degrau.

Na figura a seguir, é possível observar um pacote de onda que varia com um tempo dotado de uma energia, tal que $E > V_0$.

Figura 6.2 – Variação com o tempo de um pacote de onda unidimensional

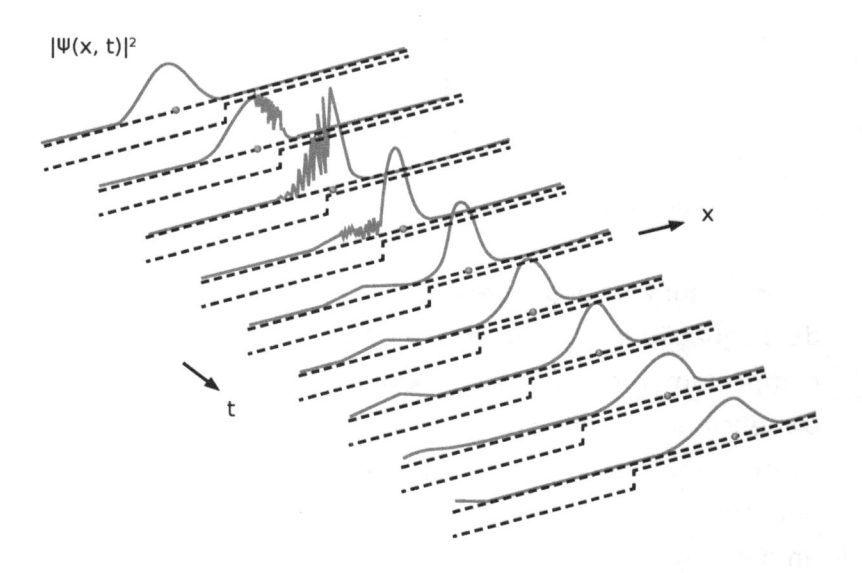

Fonte: Tipler; Llewellyn, 2017, p. 163.

Também é possível perceber que existe uma variação de R e T com a razão entre a energia E e a altura do degrau V_0. Assim, pode-se traçar um gráfico dessas quantidades, conforme o mostrado a seguir, que apresenta essa relação.

Gráfico 6.11 – Coeficiente de reflexão e coeficiente de transmissão

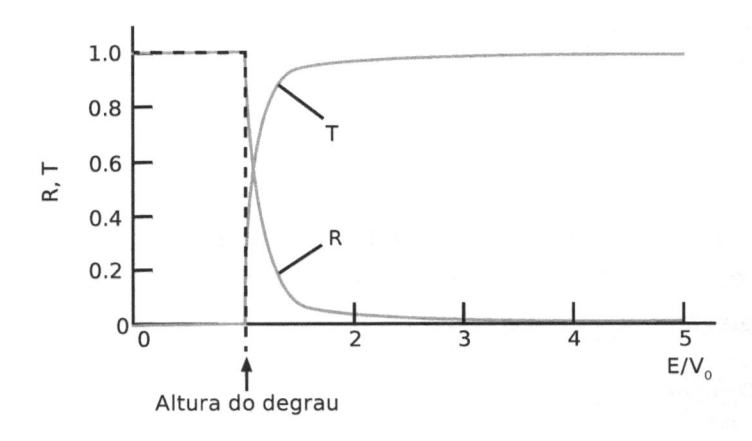

[Gráfico: eixo vertical R, T de 0 a 1.0; eixo horizontal E/V_0 de 0 a 5; curva T sobe de 0 para ~1.0; curva R desce de 1.0 para 0; seta indicando "Altura do degrau"]

Fonte: Tipler; Llewellyn, 2017, p. 163.

6.3 Oscilador harmônico simples

Trataremos agora daquela que vem a ser a aplicação mais realista de um sistema físico que pode ser usado para a equação de Schrödinger. Esse sistema é o oscilador harmônico simples. O oscilador harmônico se configura como um sistema de grande importância para a física de maneira geral, pois muitos problemas de sistemas ligados em equilíbrio – como no caso de moléculas e átomos em uma rede cristalina, bem como no caso de partículas no núcleo atômico, que, para pequenos deslocamentos da posição de equilíbrio, podem ser descritas por um potencial que apresenta a seguinte forma:

Equação 6.35

$$V(x) = \frac{1}{2}m\omega^2 x^2$$

A frequência angular é definida em termos de frequência de oscilação, de acordo com a seguinte relação:

Equação 6.36

$$\omega = 2\pi f$$

Analisando do ponto de vista clássico, uma partícula com esse potencial fica sujeita ao equilíbrio estático em $x = 0$, em que o potencial $V(x) = 0$ e a força dada pelo gradiente do potencial são nulos.

O gráfico a seguir indica a energia potencial de um oscilador harmônico simples. Perceba que, do ponto de vista da física clássica, a partícula está confinada entre os pontos de retorno.

Gráfico 6.12 – Energia potencial do oscilador harmônico simples

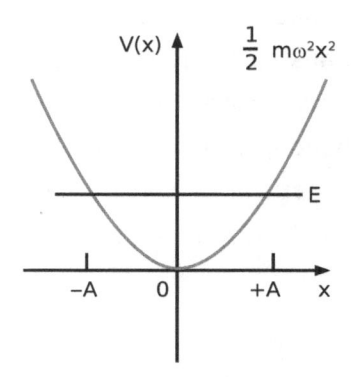

Fonte: Tipler; Llewellyn, 2017, p. 159.

Conforme indica o Gráfico 6.12, qualquer valor de energia é permitido, até mesmo quando E = 0, em que a partícula se encontra em repouso em x = 0, ou seja, na origem.

Podemos considerar a equação de Schrödinger para esse sistema por meio da seguinte equação:

Equação 6.37

$$-\frac{\hbar^2}{2m}\frac{d^2\psi(x)}{dx^2} + \frac{1}{2}m\omega^2 x^2 \psi(x) = E\psi(x)$$

Percebemos que, diferentemente dos casos anteriores, temos uma equação diferencial cuja solução não é, em hipótese alguma, uma solução trivial. Por isso, são necessárias algumas técnicas mais sofisticadas para resolvê-la, o que se encontra fora dos objetivos deste livro. Dessa forma, iremos nos restringir a fazer uma análise puramente qualitativa do sistema.

Na primeira análise a ser feita, devemos considerar a simetria do potencial apresentado no Gráfico 6.12. Perceba que a função potencial é simétrica com relação à origem; assim, é natural pensar que a distribuição de probabilidade $|\psi(x)|^2$ também seja. Nesse caso:

Equação 6.38

$$|\psi(-x)|^2 = |\psi(x)|^2$$

Ou seja, essa propriedade permite concluir que a função de onda pode ter duas formas (simétrica ou antissimétrica). Confira, respectivamente, essas duas relações a seguir:

Equação 6.39

$$\psi(-x) = +\psi(x)$$

Equação 6.40

$$\psi(-x) = -\psi(x)$$

O Gráfico 6.12 também permite observar duas situações importantes. Sabemos que a energia total do oscilador é E e que esta pode ser avaliada antes e depois dos pontos de retorno. Se ela for maior do que o potencial, poderemos considerar na equação de Schrödinger o caso em que teremos a partícula em uma posição em que x > A, sendo A o ponto de retorno. Outro caso seria quando ela não apresenta energia suficiente para ultrapassar o ponto, caso em que teríamos x < A. Assim, a equação de Schrödinger é dada por:

Equação 6.41

$$\frac{d^2\psi(x)}{dx^2} = -k^2\psi(x)$$

Nessa situação, teremos uma constante dada por:

Equação 6.42

$$k^2 = \frac{2m}{\hbar^2}\left(E - V(x)\right)$$

Dessa maneira, concluímos que a partícula se aproxima do eixo *x* com um movimento oscilatório.

Na situação em que x > A, a equação de Schrödinger detém o mesmo aspecto do caso anterior, porém com um sinal positivo e uma constante modificada. Dessa forma:

Equação 6.43

$$\frac{d^2\psi(x)}{dx^2} = \alpha^2\psi(x)$$

Equação 6.44

$$\alpha^2 = \frac{2m}{\hbar^2}\left(V(x) - E\right)$$

Nesse caso, a partícula se afasta do eixo *x*. No que se refere ao oscilador harmônico, apenas para certos valores de energia E temos funções bem-comportadas; assim, para o oscilador harmônico, as energias permitidas são expressas da seguinte forma:

Equação 6.45

$$E_n = \left(n + \frac{1}{2}\right)\hbar\omega$$

No caso do estado fundamental, n = 0. Dessa forma, a menor energia permitida é:

Equação 6.46

$$E_0 = \frac{1}{2}\hbar\omega$$

Já as funções que são soluções permitidas para o caso do oscilador harmônico são definidas como:

Equação 6.47

$$\psi_n(x) = C_n e^{-m\omega x^2/2\hbar} H_n(x)$$

Nesse contexto, as funções $H_n(x)$ correspondem aos **polinômios de Hermite**. No gráfico a seguir, é possível observar as funções de onda para o estado fundamental e os dois primeiros estados excitados.

Gráfico 6.13 – Funções de onda para o estado fundamental e os dois primeiros estados excitados

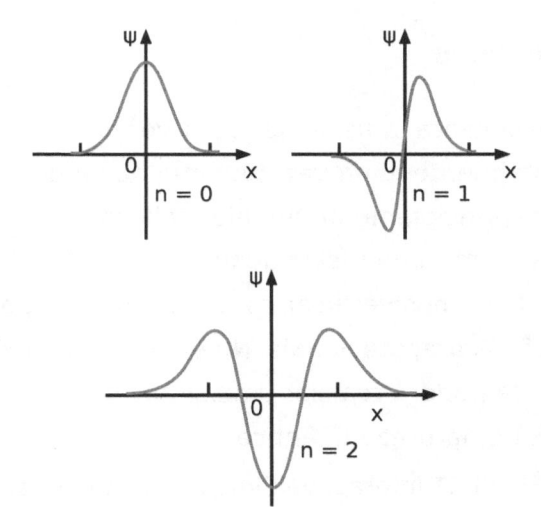

Fonte: Tipler; Llewellyn, 2017, p. 159.

No Gráfico 6.13, no que concerne à simetria do estado fundamental, note que ela apresenta a forma de uma gaussiana com energia dada pela Equação 6.46. Na perspectiva geral referente à simetria, o estado fundamental sempre será simétrico quando o valor de n for um número par e antissimétrico quando n for um número ímpar.

Para saber mais

Como ciência exata, a física deve ser verificada experimentalmente, uma vez que uma gama de fenômenos, principalmente aqueles relacionados à estrutura da matéria (física quântica), são de difíceis realização. Podemos verificar esses fenômenos por meio de simulações computacionais. No endereço eletrônico a seguir, você poderá realizar uma simulação para alguns fenômenos de natureza quântica.

SIMULAÇÕES. PhET Interactive Simulations. University of Colorado Boulder. Disponível em: <https://phet.colorado.edu/pt_BR/simulations/filter?subjects=physics&type=html&sort=alpha&view=grid>. Acesso em: 9 jun. 2021.

No que diz respeito às distribuições de probabilidade, os valores de n se apresentam conforme indica a figura a seguir.

Figura 6.3 – Distribuição de probabilidade para as funções de onda do oscilador harmônico

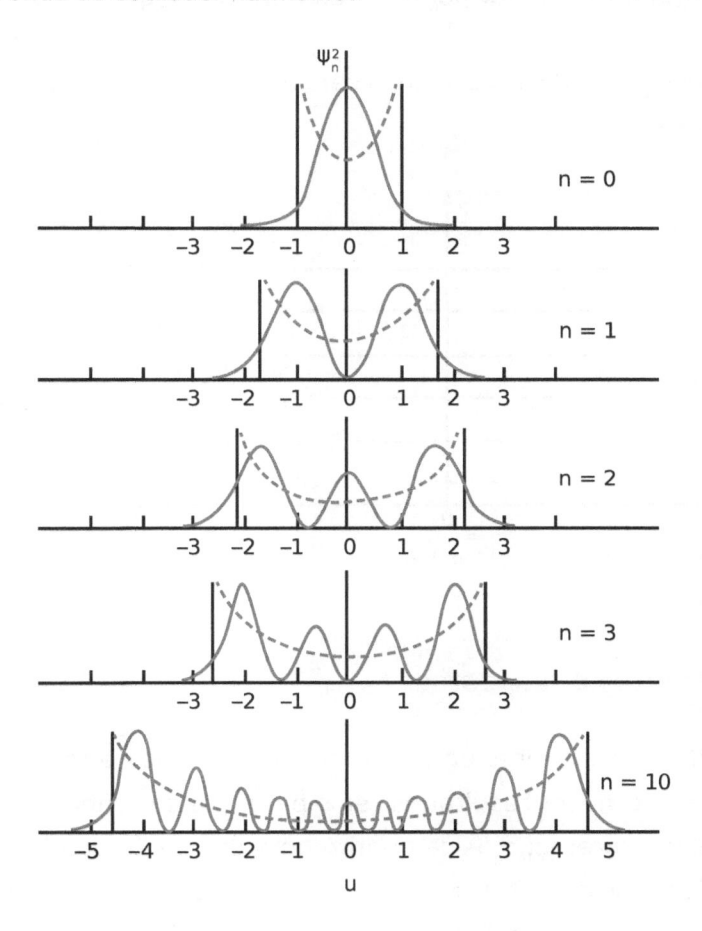

Ψ_n^2

n = 0
n = 1
n = 2
n = 3
n = 10

u

Fonte: Tipler; Llewellyn, 2017, p. 160.

Na Figura 6.3, as curvas tracejadas representam as densidades de probabilidade do ponto de vista clássico, ao passo que as curvas contínuas representam o ponto de vista da equação de Schrödinger. O gráfico de energia do oscilador pode ser conferido a seguir.

Gráfico 6.14 – Níveis de energia para o oscilador harmônico simples

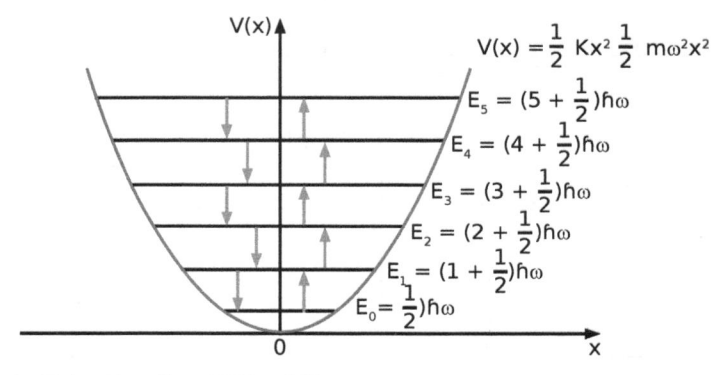

$$V(x) = \frac{1}{2} Kx^2 \frac{1}{2} m\omega^2 x^2$$

$E_5 = (5 + \frac{1}{2})\hbar\omega$

$E_4 = (4 + \frac{1}{2})\hbar\omega$

$E_3 = (3 + \frac{1}{2})\hbar\omega$

$E_2 = (2 + \frac{1}{2})\hbar\omega$

$E_1 = (1 + \frac{1}{2})\hbar\omega$

$E_0 = \frac{1}{2}\hbar\omega$

Fonte: Tipler; Llewellyn, 2017, p. 160.

Perguntas e respostas

Na física, os valores obtidos em qualquer tipo de medição devem fornecer resultados reais para que se tenha tanto uma interpretação física quanto uma descrição dos fenômenos da natureza. Do ponto de vista da mecânica quântica, o estado fundamental para o oscilador harmônico simples pode assumir valor quando o número quântico é nulo?

Como vimos, a menor energia do oscilador acontece justamente quando n = 0.

6.4 Barreira de potencial

Descreveremos agora, de forma breve, outro sistema que se configura em um dos problemas simples que podemos resolver analiticamente e cuja solução carrega evidências de fenômenos muito interessantes. Esse sistema apresenta grande aplicabilidade em muitos problemas físicos, entre os quais podemos citar o **tunelamento quântico**, que é mais conhecido como *penetração de barreira*.

A figura a seguir ilustra uma barreira de potencial. Para analisá-la, considere uma partícula vindo de x = –1 em direção à barreira de potencial.

Figura 6.4 – Barreira de potencial

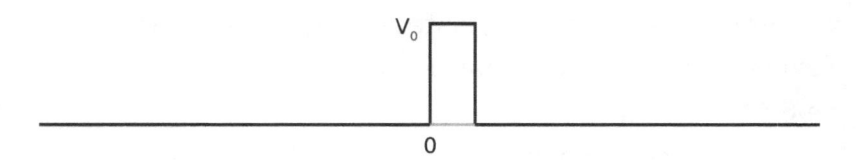

Fonte: Ribas, 2014, p. 131.

Na Figura 6.4, devemos considerar três importantes regiões para descrever a dinâmica da partícula.
A **região I** corresponde à região que a partícula percorre como potencial nulo, ou seja, antes de chegar à barreira de potencial. Já a **região II** representa uma pequena região, entre x = 0 e x = a, na qual há um potencial igual a V_0. Por fim, a **região III** ilustra

o espaço que a partícula percorre com potencial nulo. Definindo como I, II e III as regiões $x < 0$, $0 < x \langle a$ e $x \rangle a$, respectivamente, as soluções da equação de Schrödinger, independentemente do tempo, são as seguintes:

Equação 6.48

$$\psi_I(x) = Ae^{ik_1 x} + Be^{-ik_1 x}$$

Equação 6.49

$$\psi_{II}(x) = Ce^{-i\alpha x} + De^{i\alpha x}$$

Equação 6.50

$$\psi_{III}(x) = Ee^{ik_1 x} + Fe^{-ik_1 x}$$

Nesses casos, as constantes que aparecem nas expressões são as mesmas definidas nas Equações 6.27 e 6.44.

No gráfico a seguir, apresentamos um caso em que um feixe de partículas incide em uma barreira de potencial.

Gráfico 6.15 – Partículas incidindo em uma barreira de potencia b

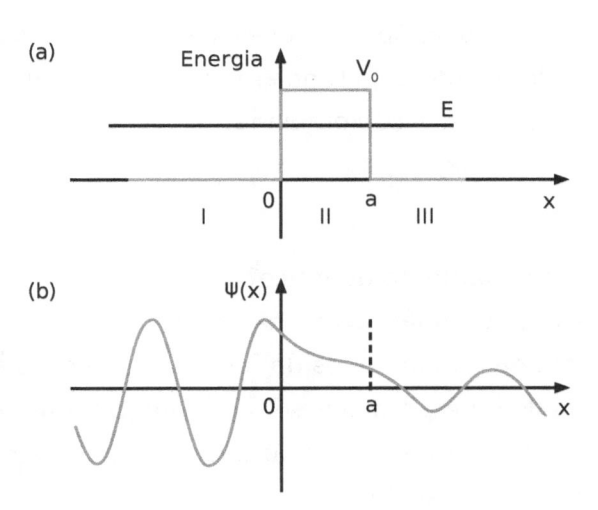

(a) [Diagrama de energia mostrando barreira de potencial V_0, energia E, com regiões I, II, III separadas em 0 e a]

(b) [Gráfico da função de onda $\Psi(x)$ mostrando oscilações antes de 0, decaimento entre 0 e a, e oscilações de menor amplitude após a]

Fonte: Tipler; Llewellyn, 2017, p. 164.

No Gráfico 6.15, mais precisamente na situação (b), a partícula não tem energia para ultrapassar a barreira por cima. Nesse caso, ele "tunela" a barreira em um dos processos mais curiosos da física quântica: o tunelamento quântico. Na natureza existe uma série de processos em que esse fenômeno ocorre. Podemos citar como um dos principais a fusão de dois prótons no interior do Sol, mecanismo básico de produção de energia nesse tipo de estrela. Isso ocorre porque a energia cinética que é criada pela temperatura do Sol é insuficiente para vencer a barreira de repulsão coulombiana entre dois prótons. Nesse caso, apenas uma pequena fração dos prótons apresenta energia acima desse valor; assim, a taxa de fusão e, portanto, de produção de energia, seria cerca de 1 000 vezes menor que a realizada pelo Sol. O processo de fusão de dois prótons é dominado pelo tunelamento dessas partículas por meio da barreira coulombiana.

(?) O que é?

O que é o tunelamento quântico?

O tunelamento quântico é um dos mais impressionantes fenômenos da natureza. Ele consiste na passagem de uma partícula por um potencial que detém energia maior do que aquela apresentada pela partícula quando incide sobre ele.

Síntese

- A equação fundamental para descrever a dinâmica das partículas subatômicas é denominada *equação de Schrödinger*. Sua solução é uma função de onda representada por um vetor de estado.
- A equação de Schrödinger é uma equação diferencial de segunda ordem cuja solução apresenta uma forma senoidal; para uma partícula livre, a solução é complexa.
- A interpretação para as soluções da equação de Schrödinger foi proposta pelo alemão Max Born, que apresentou uma característica puramente probabilística, rompendo com toda a ideia clássica.

- Há muitos sistemas físicos com grande variedade de aplicações para a equação de Schrödinger, entre os quais podemos destacar a partícula em uma caixa, uma barreira de potencial, o oscilador harmônico e o potencial degrau.
- O fenômeno conhecido como *tunelamento quântico* consiste no fato de uma partícula não ter energia para ultrapassar a barreira por cima. Nesse caso, ele "tunela" a barreira em um dos processos mais curiosos da física quântica.
- O oscilador harmônico simples pode ser considerado um dos casos mais realistas de aplicação da equação de Schrödinger, visto que apresenta solução analítica.
- Os níveis de energia para as situações apresentadas nos exemplos introdutórios são todas quantizadas, o que evidencia a natureza quântica desses sistemas físicos.
- Da equação de Schrödinger, recuperamos um importante resultado, que, na maioria das vezes, é visto apenas do ponto de vista clássico: o caso da conservação da probabilidade obtida pela equação de continuidade.

Estudo de caso

O presente caso aborda a situação de aprendizagem de uma estudante e os problemas que envolvem a interpretação dos conceitos fundamentais de física quântica. O objetivo é que você compreenda determinado fenômeno associado à sua vida cotidiana, mesmo não sendo capaz de senti-lo, uma vez que, em nosso dia a dia, sentimos apenas os efeitos da física em nível macroscópico.

Texto do caso

Marina tem 16 anos e está no terceiro ano do ensino médio de uma escola pública. Apaixonada por Física, de maneira alguma perde as aulas dessa disciplina e sempre afirma a seus professores que cursará Bacharelado em Física. Ela adora os temas abordados pela física moderna, principalmente aqueles relacionados à estrutura da matéria, ou seja, aqueles que caracterizam o mundo subatômico. No entanto, durante as aulas de física moderna, em uma pequena introdução aos efeitos quânticos, especialmente sobre a barreira de potencial, não entendeu de maneira geral o fenômeno de **tunelamento quântico**, principalmente quando o professor afirmou que uma partícula seria capaz de atravessar uma barreira. Ele utilizou como exemplo a seguinte comparação com a física clássica: uma bola de gude se choca contra uma parede e, ainda assim, é capaz de penetrá-la. Nesse caso, duas perguntas surgiram na cabeça de Marina: Como uma partícula seria capaz de atravessar uma barreira que tem energia maior do que a própria energia da partícula? Afinal, como definir uma partícula em nível quântico?

Você poderia ajudar Marina a entender essas perguntas?

Resolução

As duas perguntas que intuitivamente surgiram na mente de Marina são realmente complexas e profundas. Podemos considerar o efeito "túnel quântico" ou *tunelamento quântico* como um dos mais intrigantes efeitos já observados pelo homem. Esse efeito, assim como explicou o professor, consiste na penetração de uma partícula ou de um feixe de partículas por meio de uma barreira de potencial que tem uma energia bem maior que a energia cinética média das partículas.

Inicialmente, é inimaginável entender como isso poderia acontecer em nosso cotidiano. Como o professor explicou, poderíamos comparar esse efeito com a penetração de uma bola de gude em uma parede. Com essa comparação, podemos ter em mente a dimensão de como se configuram os fenômenos em escala atômica. Nesse caso, acontece o que chamamos de *quebra de paradigma*: teremos de ter uma nova compreensão para o conceito de partícula.

Essa compreensão está totalmente ligada ao segundo questionamento de Marina. Para entendermos melhor esse e outros fenômenos que ocorrem no mundo subatômico, devemos reconstruir a ideia de partícula neste nível. Sabemos que, no mundo clássico, uma partícula pode ser considerada um ponto material qualquer de massa *m*, com características bem definidas. No mundo quântico, esse conceito é redefinido, uma vez que a partícula também apresenta as intrigantes propriedades de ondas. Nesse nível, a partícula é denominada *função de onda*.

Dica 1

Os temas relacionados à física moderna estão sempre presentes em documentários, filmes e séries. Para ajudá-lo a compreender as perguntas propostas por Marina, assista aos filmes *Homem-Formiga* e *Vingadores: Ultimato*. Em ambos os filmes, os personagens discutem sobre o intrigante fenômeno de tunelamento quântico.

HOMEM-FORMIGA. Direção: Peyton Reed. EUA: Walt Disney Studios Motion Pictures, 2015. 117 min.

VINGADORES: Ultimato. Direção: Anthony Russo e Joe Russo. EUA: Walt Disney Studios Motion Pictures, 2019. 181 min.

Dica 2

Uma excelente referência para o estudo do fenômeno de tunelamento quântico, bem como para as demais aplicações da equação de Schrödinger, é o livro *Introductory Quantum Mechanics*, do autor Richard Liboff. Essa é uma consagrada referência para alunos de graduação. Faça uma leitura do Capítulo 8 dessa obra e entenda as aplicações descritas pelo autor para ajudar Marina a entender o fenômeno em questão.

LIBOFF, R. L. **Introductory Quantum Mechanics**. New York: Cornell University, 1980.

Dica 3

Do ponto de vista clássico, é muito fácil observar que uma partícula não ultrapassa uma barreira de potencial qualquer com certa quantidade de energia. Você pode fazer isso em sua casa. Monte um pequeno aparato com uma rampa de madeira, por exemplo, colocada ao nível do chão. Use uma bola de gude para verificar se ela não ultrapassa a altura da rampa quando é lançada a certa velocidade. Perceba que, nesse caso, o potencial em questão é o potencial gravitacional e a energia de que está dotada a bola de gude é a energia cinética associada ao movimento do corpo.

Considerações finais

Nesta obra, apresentamos as principais considerações sobre a estrutura da matéria. Buscando superar os desafios para a transmissão desse conhecimento, optamos por referenciar uma parcela significativa da literatura especializada e dos estudos científicos a respeito dos temas abordados. Além disso, apresentamos uma diversidade de indicações culturais para enriquecer o processo de construção de conhecimentos e procuramos oferecer aportes práticos com relação à estrutura da matéria.

Assim, os seis capítulos que integram este livro reuniram as contribuições da cognição/educação da informação, as regras, a estética, os fatos sobre conceitos, características, equações e casos, entre outros campos do conhecimento.

Entre os principais tópicos aqui trabalhados, tratamos das leis da termodinâmica, tendo em vista as mudanças de temperatura, fator primordial para a estrutura da matéria, elucidamos dois experimentos importantes: o de J. J. Thomson e o de Millikan e também analisamos assuntos importantes, como as ondas e os modelos atômicos.

Partindo desses pontos, é possível perceber que a estrutura da matéria se divide em diferentes subtemas, encarregados de delimitar todas as matérias envolvidas na Terra.

Esperamos que você, leitor, tenha absorvido as informações durante a leitura deste livro e que ele possa servir como um ponto de partida para futuras investigações sobre os temas aqui tratados.

Estudo de caso

O presente caso aborda a situação de aprendizagem de uma estudante e os problemas que envolvem a interpretação dos conceitos fundamentais de física quântica. O objetivo é que você compreenda determinado fenômeno que carrega uma nova interpretação da realidade em nível atômico, tendo em vista que as propriedades das partículas nesse nível de comprimento e a energia devem ser reinterpretadas.

Texto do caso

Fábio tem 17 anos e está no terceiro ano do ensino médio de uma escola pública. Apaixonado por Física, de maneira alguma perde as aulas dessa disciplina e sempre afirma a seus professores que cursará Bacharelado em Física. Ele adora os temas abordados pela física moderna, principalmente aqueles relacionados à estrutura da matéria, ou seja, aqueles que caracterizam o mundo subatômico. No entanto, teve dúvidas quando, durante as aulas de física moderna, em uma pequena introdução aos efeitos quânticos, o professor comentou que, no que se refere às propriedades que apresentam os fenômenos no nível atômico, a noção de realidade deve ser reinterpretada. Fábio não entendeu de maneira geral quando o professor explicou que deveríamos mudar o conceito de realidade.

Assim, Fábio se questionou a respeito do que seria a realidade quando esses fenômenos são investigados em uma escala tão pequena de comprimento e com uma grande quantidade de energia.
Você poderia ajudar Fábio a compreender seu questionamento?

Resolução
O questionamento de Fábio remete ao que talvez seja um dos mais profundos questionamentos a respeito do homem: a noção de realidade, uma vez que as propriedades da matéria do ponto de vista clássico (macroscópico), antes bem compreendidas e definidas, perdem sentido quando as investigamos em nível atômico. O pontapé inicial para a chamada *ruptura no paradigma* está fundamentado na própria definição de *partícula*, que apresenta duas intrigantes propriedades: propriedades de partículas e propriedades de onda. Disso seguem os mais variados fenômenos, desde o simples fato de uma partícula que se move livremente sem a ação de qualquer interação até o impressionante efeito túnel quântico, bem como o assustador emaranhamento quântico, que se configura em uma assustadora "ação a distância" que, aparentemente, ocorre "simultaneamente" entre dois sistemas, mesmo separados a uma distância espantosamente grande.

Dica 1

Os temas relacionados à física moderna estão sempre presentes em documentários, filmes e séries. Para ajudá-lo a compreender o questionamento de Fábio, assista ao filme *Doutor Estranho*. Nesse filme, existe uma grande análise na interpretação da realidade em paralelo com algumas propriedades da física atômica. Assista ao filme e ajude Fábio a desenvolver um conceito mais geral sobre realidade.

DOUTOR Estanho. Direção: Scott Derrickson. EUA: Walt Disney Studios Motion Pictures, 2016. 115 min.

Dica 2

Ainda seguindo a mesma linha de observação, outro filme que pode ser assistido para que se tenha uma compreensão mais geral sobre a realidade trazida pelo mundo quântico é *Vingadores: Guerra Infinita*. Nesse filme, existe uma discussão profunda a respeito das propriedades do tempo e do espaço.

VINGADORES: Guerra Infinita. Direção: Anthony Russo e Joe Russo. EUA: Walt Disney Studios Motion Pictures, 2018. 149 min.

Dica 3

Uma análise bastante profunda a respeito da realidade proposta pela mecânica quântica é o livro de Álvaro Balsa intitulado *Realismo e localidade em mecânica quântica*. Trata-se da tese de doutorado do autor, defendida na Universidade Católica Portuguesa.

BALSAS, Á. **Realismo e localidade em mecânica quântica**. Campina Grande: edUEPB, 2013.

Referências

BOLTZMANN, L. *Über die Beziehung zwischen dem zweiten Hauptsatze des mechanischen Wärmetheorie und der Wahrscheinlichkeitsrechnung, respective den Sätzen über das Wärmegleichgewicht.* Wien: Kk Hof-und Staatsdruckerei, 1877.

CARNOT, S. **Réflexions sur la puissance motrice du feu et sur les machines propres à développer cette puissance**. Chez Bachelier, Libraire, 1824. (Libraire quai des augustins).

CENGEL, Y. A.; BOLES, M. A. **Thermodynamics**: an Engineering Approach Sixth Editon (SI Units). New York: McGraw-Hill, 2007.

CLAUSIUS, R. **Ueber verschiedene für die Anwendung bequeme Formen der Hauptglei- chungen der mechanischen Wärmetheorie**: vorgetragen in der naturforsch. Gesellschaft den 24. April 1865.

GOMES, L. C. A ascensão e queda da teoria do calórico. **Caderno Brasileiro de Ensino de Física**, Florianópolis, v. 29, n. 3, p. 1030-1073, dez. 2012. Disponível em: <https://periodicos.ufsc.br/index.php/fisica/article/view/2175-7941.2012v29n3p1030/23609>. Acesso em: 8 jun. 2021.

HALLIDAY, D.; RESNICK, R.; WALKER, J. **Fundamentos de física**. Tradução de Ronaldo Sérgio de Biasi. 8. ed. Rio de Janeiro: LTC, 2009. v. 2.

HALLIDAY, D.; RESNICK, R.; WALKER, J. **Fundamentos de física**. Tradução de Ronaldo Sérgio de Biasi. 9. ed. Rio de Janeiro: LTC, 2013. v. 2: Gravitação, ondas e termodinâmica.

HUANG, K. **Statistical Mechanics**. [S.l.]: John Wiley & Sons, 1987.

LAVOISIER, A. L. **De la combinaison de la matière du feu avec les fluides évaporables, et de la formation des fluides élastiques aëriformes**. Paris: Académie des Sciences, 1777.

MAHAN. B. H. **Química**: um curso universitário. 2. ed. São Paulo: E. Blucher, 1972.

MEDEIROS, A. Entrevista com o Conde Rumford: da teoria do calórico ao calor como uma forma de movimento. **Física na Escola**, v. 10, n. 1, p. 4-16, 2009. Disponível em: <http://www.sbfisica.org.br/fne/Vol10/Num1/a02.pdf>. Acesso em: 20 maio 2021.

MELO, G. M. de S. **Formalismo das matrizes densidade na descrição de sistemas ópticos interagindo com dispositivos e o ambiente**. 42 f. Dissertação (Mestrado em Física) – Universidade Federal de Campina Grande, Campina Grande, 2018. Disponível em: <http://dspace.sti.ufcg.edu.br:8080/jspui/handle/riufcg/2034>. Acesso em: 25 ago. 2021.

NUSSENZVEIG, H. M. **Curso de física básica**. 2. ed. São Paulo: E. Blucher, 2014. v. 4: Óptica, relatividade e física quântica.

PASSOS, J. C. Os experimentos de joule e a primeira lei da termodinâmica. **Revista Brasileira de Ensino de Física**, v. 31, n. 3, p. 3603–1-8, 2009. Disponível em: <https://www.scielo.br/j/rbef/a/jxtswrDG3qGSLpjmjsCPwzs/?lang=pt>. Acesso em: 20 maio 2021.

PLANCK, M. **Treatise on Thermodynamics**. Chelmsford: Courier Corporation, 2013.

PRIGOGINE, I.; KONDEPUDI, D. **Thermodynamique**: des moteurs thermiques aux structures dissipatives. Paris: Odile Jacob, 1999.

QUÍMICA PARA O VESTIBULAR. **ITA 2017**. 2017. Disponível em: <http://quimicaparaovestibular.com.br/wa_files/ITA_202017_20-_20Site.pdf>. Acesso em: 31 maio 2021.

REIF, F. **Fundamentals of Statistical and Thermal Physics**. Long Grove: Waveland Press, 2009.

RIBAS, R. V. **Estrutura da Matéria 1 (Notas de aula)**. 2. dez. 2014. Disponível em: <http://gaznevada.iq.usp.br/wp-content/uploads/2017/03/Roberto_Ribas-Estrutura_Da_Materia_I.pdf>. Acesso em: 31 maio 2021.

SALINAS, S. R. A. **Introdução à física estatística**. São Paulo: Edusp, 1997.

SCHULZ, D. **Escalas termométricas**. IF-UFRGS – Instituto de Física da Universidade Federal do Rio Grande do Sul, 2009. Disponível em: <https://www.if.ufrgs.br/~dschulz/web/escalas_term.htm>. Acesso em: 17 maio 2021.

TIPLER, P. A.; LLEWELLYN, R. A. **Física moderna**. Tradução de Ronaldo Sérgio de Biasi. 6. ed. Rio de Janeiro: LTC, 2017.

UFPR – Universidade Federal do Paraná. Departamento de Física. **Ludwig Boltzmann (1844-1906)**. Disponível em: <http://fisica.ufpr.br/thermo/boltz.html>. Acesso em: 17 maio 2021.

YOUNG, H. D.; FREEDMAN, R. A. **Física II**: termodinâmica e ondas. 12. ed. Campinas: Pearson Universidades, 2008.

Bibliografia comentada

HALLIDAY, D; RESNICK, R.; WALKER, J. **Fundamentos de física**. Tradução de Ronaldo Sérgio de Biasi. 9. ed. Rio de Janeiro: LTC, 2013. v. 2: Gravitação, ondas e termodinâmica.

Esse livro é um clássico da física básica adotado pela maioria das universidades e faculdades brasileiras e do mundo. Reconhecido pela sua gama de aplicações e por uma explicação bastante didática, contempla todo o conteúdo estudado pela física em uma linguagem simples e dinâmica, o que torna o processo de aprendizagem mais atraente e menos difícil de assimilar.

LANDAU, L.; LIFCHITZ, E. **Teoria do Campo**: curso de Física. Tradução de Normando Celso Fernandes. São Paulo: Hemus, 2002.

Na física, existem dois conceitos fundamentais que alicerçam todos os demais fenômenos: partícula e campo. Esse é um livro que realiza um estudo minucioso sobre os dois principais campos estudados pela física, o elétrico e o gravitacional, descrevendo-os com uma riqueza de detalhes incrível.

NUSSENZVEIG, H. M. **Curso de física básica**. 2. ed. São Paulo: E. Blucher, 2014. v. 4: Óptica, relatividade e física quântica.

Considerada uma das maiores obras para os cursos de Física nacionais, seu conteúdo contempla os principais conceitos de física com uma profundidade bastante significativa, os quais são aplicados nas mais variadas situações. Trata-se de um livro ideal tanto para cursos de licenciatura quanto para os de bacharelado, uma vez que o conteúdo é acessível a ambos os públicos.

TIPLER, P. A. **Física moderna**. Tradução de Ronaldo Sérgio de Biasi. 6. ed. Rio de Janeiro: LTC, 2017.

Trata-se de um clássico usado em cursos de graduação e pós-graduação por apresentar um conteúdo rico e bastante acessível a esses públicos. Nele há os principais conceitos relacionados ao grande pilar da física contemporânea, a chamada física moderna, a teoria da relatividade e os fundamentos da física quântica. Em alguns capítulos, são também abordadas a mecânica estatística e a física de partículas.

TIPLER, P. A.; MOSCA, G. **Física para cientistas e engenheiros**: oscilações e ondas. Tradução de Fernando Ribeiro da Silva e Mauro Speranza Neto. 6. ed. Rio de Janeiro: LTC, 2011. v. 1.

Assim como Fundamentos de física, *trata-se de uma obra completa, que apresenta a descrição de todos os fenômenos naturais discutidos pela física. Conta também com uma linguagem simples, o que facilita a assimilação dos conteúdos, bem como com uma gama de perguntas e exercícios, algo bastante utilizado nos cursos de Engenharia e Física. Traz em seu conteúdo uma série de sugestões para experimentos, a fim de tornar ainda mais dinâmica a compreensão dos alunos.*

Sobre o autor

Eugênio Bastos Maciel é doutor em Física pela Universidade Federal da Paraíba (UFPB) e mestre e bacharel em Física pela Universidade Federal de Campina Grande (UFCG). Foi professor assistente 1 (substituto) na Unidade Acadêmica de Física da UFCG de outubro de 2017 a setembro de 2019. Atualmente, é professor substituto na Universidade Estadual da Paraíba (UEPB) e realiza estágio de pós-doutorado no Programa de Pós-Graduação em Física da UFCG, atuando nas seguintes áreas: mecânica quântica relativística em espaço curvo, gravitação, cosmologia e teoria quântica de campos.

Impressão:
Setembro/2021